量子コンピュータ

超並列計算のからくり

竹内繁樹　著

ブルーバックス

装幀／芦澤泰偉・児崎雅淑
カバーイラスト／五位野健一
目次・章扉・本文デザイン／バッドビーンズ
本文イラスト／奈和浩子
本文図版／天龍社

プロローグ

量子コンピュータとは、量子力学の原理を用いた、まったく新しいしくみによるコンピュータです。

これまでのコンピュータでは数百億年やそれ以上といった莫大な計算時間を必要とするようなある種の問題を、量子コンピュータを用いると、わずか数時間で解ける可能性のあることが、1994年にショア博士によって理論的に示されました。それ以来、コンピュータサイエンス、物理学、数学、材料科学をはじめとしたさまざまな分野で大きな関心を集めています。

本書の目的は、一人でも多くの方に、量子コンピュータの原理・しくみ、最新の研究状況について知っていただくことです。

量子コンピュータが、ある種の問題について現在のコンピュータよりも圧倒的に優れた能力を持つことは、いうまでもなく「量子力学の原理」に負っています。ただ、量子力学はかなり専門性が強く、またそこに現れる「重ね合わせ」や「もつれ合い（非局所性）」といった概念も、日常では経験することのない理解しにくいものです。そういう部分に、これまで敷居の高さを感じていた方も多いかもしれません。または、量子力学に知識をお持ちであっても、コンピュータへの応用に違和感をお持ちの方もいらっしゃるでしょう。

そのような方々に量子コンピュータに触れていただくのが、この本の大きな目的の１つです。この本を読む際には、量子力学、コンピュータの基礎的な知識は必要ありません。

量子力学については、必要となる基礎知識を章２つを割いて十分に解説しました。また、現在のコンピュータのしくみについて十分に解説したうえで、量子コンピュータの基礎の説明を行いました。さらに、本質となる概念を具体的な例とともに取り上げ、できるだけ数式や専門用語の使用は避けました。高校生の読者にも、80パーセント以上を理解してもらえるようにしたつもりです。

わかりやすさを実現すると同時に、できるだけ掘り下げた解説も試みました。たとえば、ショア博士によって理論的に示された計算方法（因数分解アルゴリズム）についても、徹底的に解説を行っています。量子ビットやそれに対する基本ゲートなどの基本的な考え方、これまで知られているほかの計算アルゴリズムや、量子誤り訂正符号など、量子コンピュータの先端的な課題についても、たっぷり解説しています。

私が解説記事などを執筆する際には、紙数の都合でどうしても「わかった気にさせる」書き方をせざるを得ない場合があります。この本では、「わかったような気になる」のではなく、もっと堅い手応えとともに「わかる」ことができると思います。

現在、まだ大規模な量子コンピュータはこの世に存在しませんが、その実現に向けて、さまざまな研究が進められています。その最先端の研究状況についても、１章を割いて紹介しました。その中で、私が行っている、光子を用いた量子コンピュータや量子情報通信処理の実現を目指す研究にも触れました。また関連するテーマとして、量子暗号についても最後の章で触れています。

私自身、子供の頃からブルーバックスシリーズには大変お世話になり、育てていただきました。この本によって、私が日頃感じている量子コンピュータについてのおもしろさを共有していただければと願いながら執筆しました。もし、この本をきっかけに量子コンピュータやそれを取り巻く量子情報に関する研究に興味をもっていただければ、これにまさる喜びはありません。

CONTENTS

第1章

量子計算でできること

1.1 コンピュータに解ける問題、解けない問題

最近のコンピュータの計算能力

最近のコンピュータの発展には目覚ましいものがある。家電量販店で10万円程度で買えるパソコンでも、だいたい１秒間に10億回の計算をこなせる。これは、10年前に数億円もしたスーパーコンピュータとほぼ同じ能力である。

おおざっぱに見積もって、人が１秒間にできる足し算の回数を１回だとしよう。10億回というのは、人が10億秒、つまり30年間休まず計算し続けて、やっと行える計算回数ということになる。それを１秒間でやってしまうのだから、すごいことである。

それだけの計算を同じ時間で行おうとすると、何人の人が必要になるだろうか。１秒間に10億回の計算を行うには、10億人必要ということになる。

図1－1　地球シミュレータ

©ESC/JAMSTEC

このように、最近のパソコンの計算能力の向上ぶりはすさまじい。

では、最新のスーパーコンピュータの能力はどの程度なのだろうか。海洋研究開発機構の地球シミュレータセンターの持つ計算機（図1－1）は、１つ１つが毎秒80億回の計算が可能な小さなコンピュータを、８台を１セットとして640セット、合計5120台を並列に接続したもので、全体で最大毎秒40兆回の計算が可能である（2004年現在）。先ほどのたとえで言えば、この計算機が１秒でできる計算を一人で行おうとすると、約120万年かかることになる。

コンピュータに「計算不可能な」問題とは？

こんなに高速になったコンピュータに、はたして「計算不可能な」問題などあるのだろうか。

それがあるのである。この「計算不可能な」問題には３

種類ある。

１つ目は、「計算できるようにうまく問題が設定できない」ような問題である。例えば、「人生にとって究極の目的とは何か」や、「愛とは何か」といった問題である。この答えは、人によってそれぞれ違うだろうし、むしろ問題のとらえ方自体もまちまちだろう。

みなさんは、『銀河ヒッチハイク・ガイド』（ダグラス・アダムス著、風見潤訳、新潮文庫）のエピソードをご存じだろうか。物語の中では、「宇宙の究極の問題」に対する答えを見つけるために、はるか昔に建造された宇宙最大のコンピュータが動き続けていた。そしてついにその答えが「42」と明かされた。けれども、「宇宙の究極の問題」を、どのように設定したのかは誰にもわからない。このエピソードは、そもそも問題設定自体がほとんど不可能であることをうまく突いたものだ。もちろん、今のコンピュータに「人生にとって究極の目的とは」とたずねても、ほしい答えは得られないだろう。

次に、「問題設定はうまくできるが、それを解くプログラムが存在し得ないことを証明できる」問題だ。プログラムが存在しない以上、決して計算できない。

この種の問題で有名なのが、「コンピュータの停止問題」とよばれるものだ。今、あるプログラムを走らせたとき、いつか停止するのか、あるいは無限ループをする（停止しない）のかを判定するとしよう。そして、プログラムが停止するなら関数値１、無限ループなら関数値０を与える「関数」を考える。停止問題とは、「この関数自体を計算するプログラムは存在し得るか」というものだ。このようなプログラムが存在しない、つまり計算できないことは、「対角線論法」という方法を用いて証明されたのだが、その詳細はここでは省略させてもらう。ただ、プログラムが存在し得ない以上、もちろん今のコンピュータにも解くことはできない。

最後が、「計算の仕方はわかっているけれども、莫大な手間がかかる」問題だ。「囲碁で、互いに最善手を打った場合、先手と後手どちらが勝つのか」というのは１つの例だろう。囲碁は、19×19の縦横の線の交点に黒と白の石を互いに置き合って（着手という）、その囲んだ交点の数を競うゲームである。例外もあるが、基本的には一度置いた石の上には置けない。１手目に黒石の側が着手可能な点の数は、19×19で361通り。２手目は、その石以外のところにしか置けないから360通り。この様に計算していくと、すべての着手の組み合わせ（手順）は、361×360×…×２×１。これは、10の760乗（10^{760}）、つまり10000‥０と、１の後ろに０が760個つながった数になる（本当のルールでは、敵の石を取り除いた部分に置けるなどの違いがあるので、ここで述べたのは概算の値だ）。

これを、先ほど紹介したスーパーコンピュータに計算させたとすると、どのくらいの時間がかかるだろうか。１秒間に１兆通り（10^{12}通り）の手順を調べることができたとしても、10^{748}秒必要になる。宇宙の年齢、すなわちこの宇宙ができてから今までが約140億年（４×10^{17}秒）だから、宇宙の年齢のそのまた「10^{730}」倍以上もの時間が必要だということになる。

したがって、「囲碁で互いに最善手を打った場合、先手

図1－2　宇宙の始まりから計算を続けても、解決しない問題がある

と後手どちらが勝つのか」という問題の答えは、スーパーコンピュータを用いたとしても、「計算に時間がかかりすぎて解けない」のである。

旅行の荷造りは「解けない」問題？

一見とても単純に思える問題なのに、パソコンやスーパーコンピュータを使って一生かかっても計算できないような問題は、ほかにもある。

ここに、重さの異なる50個の荷物があったとしよう。あなたは、その荷物からいくつかを選んでスーツケースに詰めて運びたい。しかし、詰め方にはいくつか条件がある。

第一の条件が、スーツケースの重量制限がちょうど20キログラムで、それを少しでも上回ってはいけないということ。きっと、ルールに厳格な航空会社を利用するのだろう。

次の条件は、荷物の総重量をできるだけ重くすること。つまり、異なる荷物をうまく組み合わせて、20キログラムにできるだけ近づけたい。

どうすればこの組み合わせを見つけられるだろう？　秤の上にスーツケースを置いて、いちいち荷物をとっかえひっかえしたとすれば、１つの組み合わせを試すだけでも重労働だ。

もう少し手間を省くには、次のような方法がある。最初にそれぞれの荷物の重量を非常に精密な秤で測り、その値をパソコンに入力して、もっとも20キログラムに近い荷物になる組み合わせを見つけるのである。

では、この組み合わせを見つけるのに何回くらいの計算が必要だろうか。まず、50個の荷物から１つだけ選ぶ場合が、50通りある。次に２つ選ぶ組み合わせが1225通り。さらに３つ選んだ場合、４つ選んだ場合と次々に足し合わせてゆくと、なんと1000兆通り以上にもなる。この計算は、先ほどの最新のパソコンを使っても12日以上かかる。

ここで大切なのは、荷物の数の増え方に対して、計算に必要な時間が爆発的に増えてしまう、ということだ。今度は荷物が100個の場合を考えよう。先ほどと同じように計算してみると、すべての組み合わせの数は、なんと10^{30}通り。１の後ろに０が30個並んだ数である。これをパソコンで計算するには、10兆年かかる。ここでも「宇宙の年齢140億年」と比べてみると、たった100個の荷物の中から最適な組み合わせを求めるのに、パソコンを宇宙の誕生から現在まで動かしても答えは得られないことになる。

ほかにもある「解けない問題」

じつは、この荷造りの問題は、「ナップザック問題」という名前で数学者にはよく知られている。では、ここでもう１つ、よく知られている「巡回セールスマン問題」も紹介しておこう。

ある会社の営業担当者を仮にＩ氏としよう。Ｉ氏は、大阪から出発して、札幌、青森、仙台、新潟、東京、横浜、名古屋、金沢、京都、神戸、広島、福岡の各都市を適当な順番で回って、最後に大阪に戻ってくるという非常にハードな出張を仰せつかってしまった。しかも、上司曰く、「もちろん、全体の移動距離が最短になるように！」。

図１−３　巡回セールスマンはつらいよ

では、この出張の経路を最短にするには、どういう順番で都市を回るのがよいだろうか？　これが、「巡回セールスマン問題」だ。ただし、話を簡単にするために、ここでは「すべての都市間で道がつながっていて、その間の距離は直線距離としてよい」「同じ都市には２度立ち寄らない」という条件で考えよう。

先ほどあげた都市は、大阪をのぞくと12都市である。大阪→（札幌→新潟→……→福岡）→大阪と考えると、経路の数は、この12の都市の並べ方の数だけあることになる。これは12の階乗（１から12までを掛け合わせた数）だから、約４億8000万通りになる。

Ｉ氏にとって（まだ）幸いなことは、出張先の都市の数が12であったことである。この経路の数であれば、最新のパソコンを使えばすぐに求めることが可能だ。しかし、出張先がさらに４都市増えるだけで、経路の数は21兆に達する。例えば、（ありそうにないが）出張先が30になったとすると、その経路の数は約３×10^{32}通り。繰り返しになるが、10^{32}とは、１の後ろに０が32個並んだ数である。これをパソコンで計算しようとすると、1000兆年以上かかることになる。

このように、都市の数の増え方に対して、計算時間は爆発的に増大する。都市の数が30程度でも、時間がかかりすぎて計算不可能な問題なのだ。

1.2 スーパーコンピュータにも解けない因数分解

因数分解は難しい?

「7×13は?」答えは91である。すこし暗算の得意な方であれば、即答できる問題だろう。では逆に、「91は何と何を掛けた数か?」という問題はどうだろう? 答えるのに少し時間を要するのではないだろうか。このように、与えられた数をいくつかの数の掛け算の形に分解することを、因数分解という。

因数分解の方法としては、与えられた数を小さな素数で次々に割っていく方法(エラトステネスのふるい)がよく知られている。先ほどの例だと、まず91を2で割ってみる。しかし割り切れないので、次は3を試す、という具合だ。この場合は、7までいくと割り切れて、割った結果が13となり答えを得ることができる。

この因数分解も「難しい問題」として知られている。先ほどの問題は、2桁の数字だった。これが4桁になって、例えば6059になると、もう暗算ではできないだろう(答えは73×83)。さらに桁数が増えていくと、計算時間は爆発的に増大する。

秘密の鍵を伝える

じつはこの「因数分解の難しさ」は、インターネットの安全性を保つために、欠かせない道具となっている。

1977年に、リベスト、シャミール、エイデルマンという

３人の研究者は、因数分解の性質を利用して、「公開鍵暗号」を発明した。彼らの発案した方式は、名前の頭文字をとってRSA方式と名付けられている。

この「公開鍵暗号」は、知らず知らずのうちに日常生活で使われている。例えば、私のパソコンにはマイクロソフト社のInternet Explorer6.0が組み込まれている。その「ヘルプ―バージョン情報」の中をよく見ると、「Contains security software licensed from RSA Data Security Inc.(RSAデータセキュリティ社によってライセンスされたセキュリティソフトを含む)」と表示されている。ちなみに、RSAデータセキュリティ社は彼ら自身が設立したそうだ。

実際のRSA暗号では、「公開鍵」と「秘密鍵」という２つの鍵が用いられる。「公開鍵」は文字どおり、誰でも知ることのできる鍵、「秘密鍵」はある人だけが隠し持っている鍵だ。このアイデアのポイントは、「公開鍵」が情報（文章）の暗号化にだけ、「秘密鍵」が復号化にだけ用いられることだ。

例えば、インターネットの「暗号化」されたサイトに接続する場合、まずあなたは、そのサイト上で公開されている「公開鍵」を取得し、送りたい情報（例えばクレジットカード番号）を暗号化してサイトの主宰者に送る（この作業は、インターネットエクスプローラが勝手にやってくれる)。そして、サイトの主宰者は、隠し持っている秘密鍵で送られた暗号文を復号して、情報をとりだす。ここでは、公開鍵を使っても暗号化された情報を見られないことがポイントだ。

このRSA暗号のしくみを正確に説明するには、整数論という数学の知識が必要になってしまう。そこで、もう少し簡単な例（図1－4）で因数分解が暗号に用いられる理由を説明してみよう。

例えば、あなたと友人は、互いに秘密の番号が素数「3331」であることを知っているとする。今、あなたは新たな秘密の番号として、別の素数「3581」を伝えたい。しかし、電話、手紙、どの方法をとっても情報が盗まれる可能性がある。では、どうすればよいだろうか。

方法は簡単である。既知の秘密の番号「3331」と新たな秘密の番号「3581」を掛け合わせた数「11928311」を、電話や電子メールなどなんらかの方法で知らせればよい。友人は、受け取った数「11928311」を秘密の番号「3331」で割り算することで、簡単に「3581」を得ることができる。

しかし、そのように知らせた番号「11928311」は、通信の途上で盗聴されているかもしれない。盗聴した人が「11928311」を因数分解できたとすれば、秘密の番号「3331」と新たな秘密の番号「3581」の両方を同時に知られてしまうことになる。この程度の数であれば、まだ何とか因数分解できるので、この方法は安全とはいえない。

しかし、秘密の番号の桁数を増やして、例えば500桁の素数にすれば、掛け合わせた数は1000桁になる。もはや、どんなスーパーコンピュータを用いても因数分解は時間がかかりすぎ、事実上不可能である。しかし、もし秘密の番号の一方を知ってさえいれば、割り算でたちどころに隠された秘密の番号を知ることができる。

これは、RSA暗号のしくみとはだいぶ違うことに注意

図1−4　因数分解を用いた暗号のイメージ

してほしいのだが、因数分解を暗号に用いることができる理由はなんとなく理解いただけただろうか。

実際のRSA暗号では、公開鍵や秘密鍵は数百桁の素数の積になっている。そして、もしその積を「因数分解」されてしまうと、公開鍵から簡単に秘密鍵を類推できることになる。つまり、RSA暗号の安全性は、巨大な数の因数分解が現在事実上不可能である、という点によっているのだ。

1.3 量子の力で超高速計算

因数分解は量子コンピュータで簡単に解ける

ここで、今までのおさらいをしよう。

計算の中には、時間がかかりすぎて事実上解けない問題が存在する。中でも、「ナップザック問題」、「巡回セールスマン問題」などは、荷物の個数や都市の数といった入力パラメータが増えると、計算の手間が爆発的に増大する問題で、パラメータの数が数十から100個になっただけで、計算に必要な時間は宇宙の年齢を軽く超えてしまう。

そのような問題の1つとして「因数分解」がある。これも、桁数が増えるにつれて計算時間は爆発的に増える。ただ、「片方の因数を知っている人」は、因数分解の答えをあっという間に得られるという特徴がある。この特徴を利用した「公開鍵暗号」のしくみは、現在インターネットをはじめ広く世の中で使われている。

1993年にショアは、「量子コンピュータ」を使うと、因数分解を桁数に比例する程度の時間で解けることを発見した。先ほど、スーパーコンピュータを使っても決して解けないと述べた1000桁の数の因数分解が、量子コンピュータを使うと数分で解けてしまうのだ！

量子コンピュータとは、これまでの計算機（スーパーコンピュータも含めて）が古典力学にのっとった「古典的な」計算機であるのに対して、「量子力学」を直接用いる、まったく新しい原理に基づく計算機である。

	現在のスパコン	1000倍速いスパコン	量子コンピュータ
因数分解200桁	約10年	約３日	数分
因数分解１万桁	約1000億年	約１億年	数時間〜数日
桁数と計算に要する時間の関係	指数関数的	指数関数的	比例的

図1−5　量子計算の高速さ

本書では、次章以降、量子力学とはなにか、量子コンピュータの動作原理、それを用いた因数分解の解き方、技術の現状、将来の展望を可能な限りわかりやすく解説する。ただ、ここで知っておいてほしいことがいくつかある。

まず、「量子コンピュータ」は、まだ完成の見込みが立っていないということである。秋葉原に行ってももちろん売っていない。非常に小規模でのデモンストレーション実験は行われるようになったが、現在のスーパーコンピュータを凌ぐような大規模な計算を行えるようになるには、まだまだ課題が山積している。

だから、因数分解の困難さに立脚した「公開鍵暗号」が今すぐ使えなくなるわけではないので、安心してほしい。

次に、量子コンピュータは、スーパーコンピュータの動作を単に高速化したような計算機ではない、ということだ。

第一に、たとえどんなにスーパーコンピュータが速くなっても、因数分解を効率的に解くことはできない。

今、最先端のコンピュータが200桁の因数分解問題を10年かかって解けるとする。そして、20年後に今より1000倍速いスーパーコンピュータができたとしよう。そうすれば、200桁の因数分解は数日で解けることになる。

しかし、先ほど見たように、因数分解の問題は、因数分解したい数の桁数が増えると計算時間が爆発的に増える。今知られているもっとも効率のよい因数分解の方法を用いたとしても、桁数が５倍の1000桁になると計算時間は1000倍となり、1000倍速いスーパーコンピュータでもやはり10年かかる。桁数が50倍の１万桁になれば計算時間は100億倍になり、20年後のスーパーコンピュータであっても、もう完全にお手上げである。

これに対して量子コンピュータは、感覚的には因数分解を桁数に比例する程度の時間で行う。例えば200桁なら数分、１万桁の因数分解も数時間で行えるのである（前ページ・図1−5）。

量子コンピュータが因数分解問題を高速で解くのは、決して動作周波数が速いから（個々の計算を速く行うから）ではない。ある種の計算に対して「量子並列性」を利用して、効率的に莫大な数の並列計算を実行できるからである。

量子コンピュータには得意な問題がある

もう１つ、現在のコンピュータとの関連で注意すべきことがある。量子コンピュータは「どんな問題でも速く解ける」わけではない、ということである。

例えば、「１＋１」といった単純な計算を量子コンピュータで行うこともできる。しかし、いま考えられている方法では、その計算スピードは家庭用のパソコンにも遠く及ばないだろう。

一方、並列計算の特徴を生かせるような問題に対しては、今のコンピュータよりも圧倒的に高速で解答を得られる。つまり、「得意分野」に対しては圧倒的に強い。先ほど述べたように、スーパーコンピュータを用いた場合には宇宙の年齢ほどもかかる計算でも、数分で解答を出す可能性がある。

今のところ得意な問題としては、「因数分解」のほかに、データ検索などが知られている。量子コンピュータがそれらをどのように解いてみせるかは、第５章を見てほしい。

第2章

「量子」とはなにか

2.1 量子計算はなぜ「量子」計算？

「量子計算はなぜ『量子』計算とよばれるのか？」

この問いに答えるのはとても簡単だ。量子計算では、「量子」をその計算の基本単位に用いるからだ。では、

「『量子』とはなにか？」

これはかなり難しい。結局、この本の2割近くは、この問いへの回答に費やさざるを得ない。逆にいえば、この問いに答えることは、「量子コンピュータ」のエッセンスの理解には不可欠だ。

「量子」という言葉を『広辞苑』第五版で引くと、「〔理〕(quantum) 不連続な値だけを持つ物理量の最小の単位。物体の発する放射エネルギーについてまず発見され、エネルギー量子と呼ばれた」とある。このように、もともと物理学で用いられてきた言葉だ。

量子計算のとっつきにくさ、難しさは、物理学の中でもなかなか理解しがたい（と一般に思われている）「量子」という概念と、「計算」という言葉の組み合わせにあるのだろう。

この本では、「量子」について、必要なことをできるだけわかりやすく説明したい。そのためには、なぜ「量子」という考え方が必要になったのかにまで、さかのぼる必要がある。

そこで、計算とはさらに関係がなさそうな、「光」の話にすこしおつきあい願いたい。風が吹けば桶屋が儲かる、のようにいけばお慰みである。

2.2 光は粒？　それとも波？

光とは何か

光とはなにか。それは非常に昔からある、大切な疑問だった。旧約聖書の創世記には、神様は６日間かけてこの世界を作ったと書かれている。この時、神様が天地を創造した後、最初に行ったのは、「光あれ」と叫んで世界に「光」を生み出すことだった。当時の人々の光への関心の高さが窺えるだろう。

今から300〜400年ほど前、ちょうど日本では江戸時代の初めごろ、ヨーロッパでは光の正体について考え方が２つに分かれていた。１つは、イギリスの科学者ニュートン（1642〜1727）が唱える「光は粒子」説。もう１つは、オランダの科学者ホイヘンス（1629〜95）の「光は波」説で

図2－1　ニュートン（左）とホイヘンス（右）

ある（図2－1）。

光の粒子説

まず、「光は粒子」説。ニュートンは、例の、リンゴが樹から落ちるのを見て万有引力の法則を発見したとされている人である。そのニュートンに、「光は粒子だ」と考えさせた根拠の第一は、「光は直進する」という性質だった。

みなさんは夕暮れに、自分の影がくっきりと地面に落ちているのを見たことがあるだろう。これは、太陽から来た光が、あくまでまっすぐ進む性質を持つと考えると説明がつく。この性質が「直進性」だ。

光の直進性は、もっと大きなスケールでも確かめることができる。雲のない晴れた日に飛行機に乗る機会があれば、地上をよく見てほしい。くっきりとした飛行機の影が、地上を動いていくのを見られるだろう。

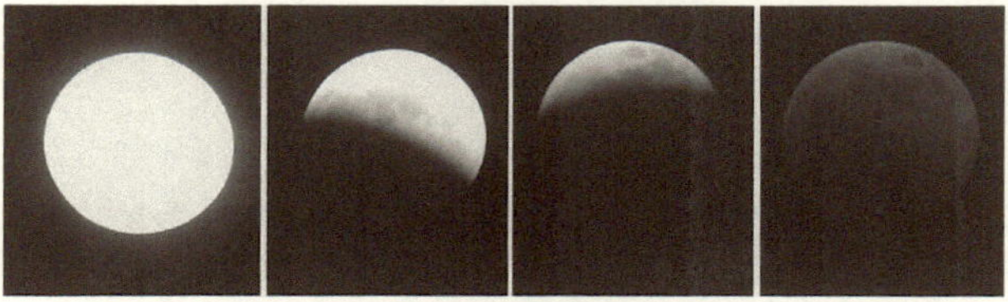

図2－2　月食

さらにスケールが大きくなったのが、「月食」である（図2－2）。月食のとき、月は徐々に欠けていく。じつは、月食は、地球から見て太陽のちょうど反対側に月が回り込んだ際に、地球の影が月の上に落ちることによって起こる。よく見ると、月食の月の欠けている部分の縁は、円形になっている。月と地球の間の距離は35万キロメートルから40万キロメートル。光がいかによく直進するかがわかるだろう。

ニュートンは、「物体はほかから力が加わらない限り直進する」ことを見つけた人だ。ニュートンの考え方にしたがうと、もし物体がほかのものと衝突することがなく、かつ（重力の影響を受けにくい）とても軽いものでできていれば、その物体は直進するはずだ。ニュートンは、「光は直進する」という性質から、光をなにか軽い「粒子」と考えたようだ。

波の性質

「光は波」説の前に、ここで少し波について復習しよう。

波といって、まず思い浮かぶのは、浜辺に打ち寄せる、海の波ではないだろうか。もしあなたがその波のようすを誰かにできるだけ正確に伝えたい場合、どうすればよいだろう。

まず大事なのが、波の高さ。5メートル、ビルの3階に達するような大波なのか、30センチメートルくらいの膝あたりの波なのか。だいぶイメージが違ってくるだろう。この波の高さを「波高」、その半分を「振幅」とよぶ。

次に大事なのは、波が打ち寄せる時間の間隔だ。1分に一度打ち寄せる、非常に間隔の長い波もあれば、5秒おきにやってくるさざ波のような波もある。この時間間隔のことを、「周期」とよぶ。「周期が1分」といえば、波が1分おきに打ち寄せることを表す。

また、波の進む「向き」も大切だ。海岸付近であれば、たいてい波は岸辺に向かってやってくるが、船で沖合に出かければ、東西南北、波はいろいろな方向を向いて動いている。

最後が、波の伝わる「速さ」だ。ふつう目にする海の波の速さは、ほとんど一定であるように見える。これは、目にする波が海岸付近のごく狭い範囲のものだからで、実際には、波の伝わる速さは水深によって変化する。

もしあなたが恋人に今見ている波のようすを正確に伝えたければ、「振幅1メートルの波が、周期20秒で、東北東に向かって速さ毎秒10メートルで動いている」と言えばよいことになる。もちろん、「雰囲気」を伝えるにはあまりお勧めの言い方ではないけれど。

ところで、「向き」と「速さ」は、どちらも波の「進行」に関するので、いっしょにして「速度」とよばれる。この「振幅、周期、速度」の3つがあれば、波のようすを伝えることができる。

ほかに、波に関してよく用いられる言葉として「波長」がある。これは波の高い部分と高い部分（あるいは低い部分と低い部分）の間の長さを表す。「波長」は、波の「速さ」と「周期」を掛け合わせることで求められる。つまり、「振幅、周期、速度」の代わりに、「振幅、波長、速度」でも波のようすは１つに定まる。「振幅」、「波長」、「速度」について、図2−3に理想化された波としてまとめた。

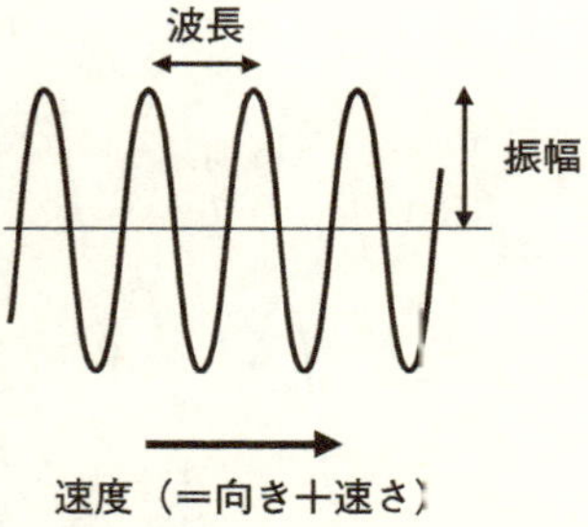

図2−3　理想化された波

波と位相

ただ、ある瞬間の波のようすを伝えようとする場合には、それだけでは十分とはいえない。

例えば、先ほど出てきた「周期20秒で、東北東に向かって速さ毎秒10メートルで動いている振幅１メートルの波」に、「浮き」が揺られているとしよう（次ページ・図2−4）。ある瞬間はその浮きは波の山の部分にあるだろうし、またある瞬間には谷の部分にあるだろう。このように、瞬間のようすを伝えようとすると、そのとき１周期のどの部分にあるのかという情報が必要になる。それが「位相」だ。

位相については、第３章以降で詳しく見てゆく。

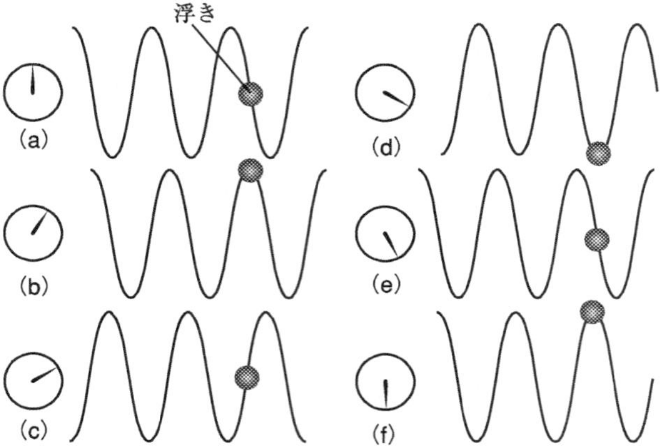

図2−4　波の位相

(a)と(e)、(b)と(f)は互いに同じ位相である。

光の波動説

さて、光の話に戻ろう。オランダのホイヘンスは、光は波の一種だと考えた。小さな丸い穴から出た光を、レンズを使ってスクリーンに結像させると、穴と同じように丸い、明るい像が現れる。もし光が直進する粒子だとすると、その穴がどんなに小さくても、そのようになるはずだ。しかし実際には、穴が非常に小さくなると、ごく小さな丸い像の周りに、なんだか波のような縞々の模様が現れる。これを粒子説で説明するのは困難だ。

しかし、「光が波」だとした場合、「直進性」の説明が困難だという指摘があった。例えば、（一人でやるのはちょっと大変かもしれないが）お風呂の中で小さな波を起こして、それを手のひらで遮ったとしよう。すると、波はその手のひらの「陰」の部分にも、うまく回り込みながら伝わ

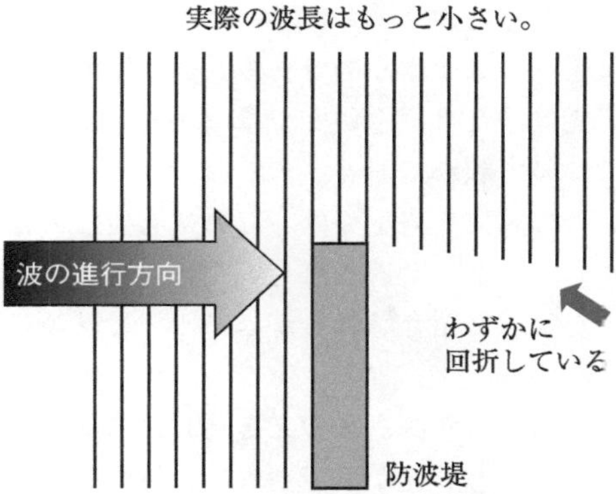

図2−5　防波堤で遮られた波

ってゆく。これは、先ほどの飛行機の影や月食の話で示した光の直進性とは、一見相容れない。

これに対する光の波動説による説明は、次のようになる。今、波の間隔（波長）にくらべてずっとずっとスケールが大きな構造物（例えば、数百メートル程度の長さの防波堤）で遮った場合を考えてみよう（図2−5)。その場合、波の大部分は遮られてしまうが、遮られなかった部分はそのまま伝わっていくだろう。その遮られた部分と遮られなかった部分の境界でいくらかは「回り込み」(回折)が生じるだろうが、ずっと上空から眺めればまるで波は直進するように見えるはずだ。つまり、光が直進するというのは、光の波長のスケールが、遮るものなどに比べて十分小さいときに見られる現象だということになる。

これが、ホイヘンス流の「光の波動説」だ。

光はほんとうに波？

これは量子計算の本なので、少し先に進もう。19世紀になって、光は波だということでほぼ決着した。ここではその証拠について触れておく。

この２つの説に決着をつけるために必要なのは、１本の非常に狭いスリットと適当な光源だ（よく、２本のスリットを用いた実験が紹介されるが、ここでは、特に２本である必要はない）。

そのスリットに光源からの光を通し、スクリーンに映してみればよい。もし光が波であれば、波が強め合ったり弱め合ったりする（干渉という）ために、独特の縞模様が見えるだろう。一方、光が粒子だとすれば、縞模様が見えることはない（図2－6）。

ただ、この実験をするには「波の間隔がそろっていて、しかも向きもそろった光」を生み出す光源が必要になる。これは300年前にはほとんど不可能に近く難しい実験だったが、今では簡単に行うことができる。レーザーポインタ

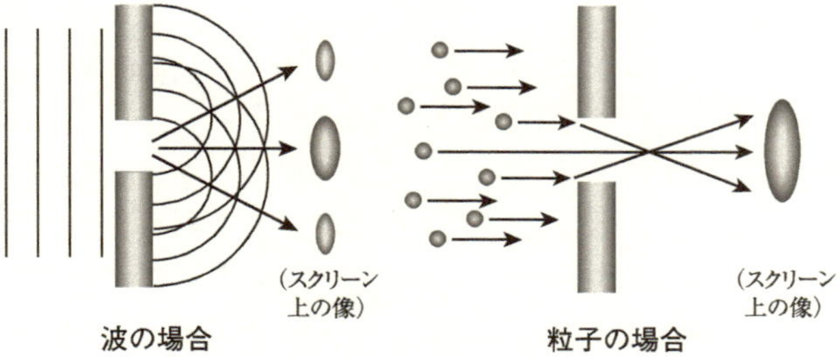

図2－6　波か粒子か
実際の実験装置については、図2－7(a) を参照。

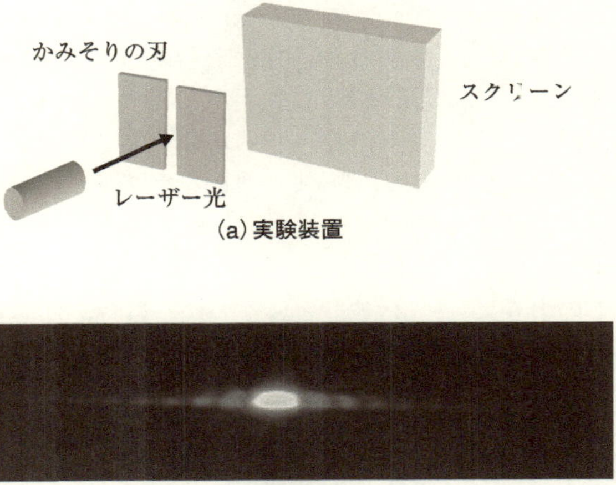

(a) 実験装置

(b) 実験結果

図2−7　波か粒子かの検証実験

ーがあればよい。これは、組み込まれた半導体レーザーによって遠くの一点に向けて光を照射するもので、プレゼンテーションなどではとても便利な道具だ。安いものなら1000円程度でも購入できる。

もう１つ必要なものは、２枚の安全かみそりである（安全かみそりは非常に切れやすく、重大な怪我を引き起こすことがあるので注意すること。中学生以下の方の場合、先生や保護者の方の指導の下で行ってください）。

安全かみそりの刃２枚を、ほんのわずか（感覚的に髪の毛一本程度）隙間ができるように刃を並べて固定し、スリットを作る。作ったスリットを机の上に固定し、その後方に白いスクリーン（壁などでもよい）がくるようにして、そこにレーザーポインターの光を照射してみる（前ページ・図2－7（a））。すると、図2－7（b）のように、「波」の場合に見られる縞模様が、くっきり現れるはずだ。

140年ほど前、マクスウェル（1831～79）という人が、電気と磁気を統一的に理解する理論を完成させた。それによって、理論的にも、「光は電気と磁気の波」であることが示された。

このように、「光は波」というのが、当時、日本ではちょうど明治維新が起こったころの結論だった。

2.3 アインシュタインの光量子

光電効果の発見

ところが、それから20年後、今から120年ほど前に、「ほんとうに光は波なの？」と思わせる大変奇妙な現象が見つかった。それが光電効果とよばれる現象で、量子力学発見の大きなきっかけになった。ここでちょっと詳しく見てみよう。

光電効果とは、金属に光が当たったときに、表面から電子が飛び出す現象のことである。この性質は、現在でも非常に微弱な光を検出する装置に応用されている。ノーベル賞受賞者の小柴昌俊先生がニュートリノ実験に使った「光電子増倍管」という超高感度の光検出器も、この原理を応用したものだ。

ただ単に「光を当てたときに電子が飛び出す」だけであれば、光を波と考えても説明できないわけではない。大きな電気と磁気の波（電磁場の波）がやってきたために、金属の中の電子が強く揺さぶられ、もはや金属の中にとどまれなくなって飛び出すと考えればよい。

問題は、その飛び出し方にあった。箇条書きにすると、次のようになる。

1．光の波長を赤から黄色、緑、青とだんだん短くしてゆくと、ある波長で突然電子が飛び出し始めた。

2．電子が飛び出すかどうかは、光の強さにはよらず、波長（色）だけで決まった。ただ、光を強くすると、それに応じて飛び出す電子の数が増えた。

3．飛び出した電子のエネルギーを測定すると、それも光の強さにはよらず、波長（色）だけで決まっていた。

これらは、光が波だと考えると、ちょっと説明がつかない。

波のエネルギーは、振幅の２乗に比例し、波長に反比例する（図2－8）。例えば、強さが４倍の光の振幅は２倍ということになる。先ほどのように、「電磁場の波が電子を揺さぶって」と考えると、振幅の大きな波は、当然振幅の

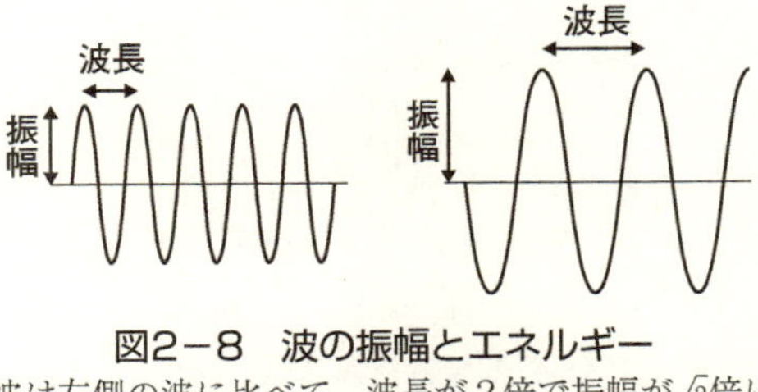

図2－8　波の振幅とエネルギー

右側の波は左側の波に比べて、波長が２倍で振幅が$\sqrt{2}$倍になっている。この２つの波は、同じエネルギーを持つ。

小さな波よりも大きく電子を揺さぶり、揺さぶられた電子は飛び出すときに大きなエネルギーを持っているはずだ。大きな嵐の時の大波によって、ふだんの波ではとても打ち上げられないような岩や船が海岸に打ち上げられるようなものである。

ところが、この予想は３番目の「飛び出した電子のエネルギーは光の強さによらなかった」という実験結果と矛盾してしまう。

また、光が波であれば、たとえ波長が長くとも、波の振幅をどんどん大きくすることで、電子はどんどん大きく揺さぶられ、いつかは金属から飛び出してくるはずだ。

ところが、１番と２番の実験結果によると、光を強くしただけでは、電子は飛び出してこない。

このように、鉄壁に思えた「光の波動説」だったが、光電効果に関する実験結果は、どうもうまく説明ができなかった。

ほかにも、高温に熱した物体から発せられる光の性質が、どうも波動説（マクスウェルの電磁気学）ではうまく説明しきれない、などの矛盾が見つかってきた。この19世紀終わりごろの物理・化学分野の激動のようすは、歴史ものとしても面白いので、興味があれば調べてみてほしい。

アインシュタインと光量子仮説

光電効果の実験結果を、うまく説明したのがアインシュタイン（1879～1955、図2−9）の「光量子仮説」だ。

アインシュタインはみなさんよくご存じだろう。では、彼はノーベル賞をもらっているだろうか？　もちろん答えはイエス。でも、アインシュタインのノーベル賞の受賞理由が、あの有名な「相対性理論」ではなくて、「光量子の発見」であることはご存じだろうか。

図2−9　アインシュタイン

たしかに、「光量子仮説」はそれほど知られていない業績かもしれない。そのため、このノーベル賞の受賞理由が「相対性理論」ではなくて「光量子仮説」であることについては、相対性理論がまだ当時十分に理解されていなかった（世界で10人しかいなかったという話もよく紹介されていますね）とか、検証実験ができなかったからともいわれている。

しかし、「光量子仮説」はノーベル賞に十分値する業績であり、選考委員会の見識の高さを十分に示したものだと私には思える。たしかに「相対性理論」は、時間と重力の概念に根本的な変革をもたらした偉大な理論だ。とはいえ、一方の「光量子仮説」も、その後の量子論の発展のさきがけとなり、「光」にとどまらず「物質」の概念、さらには「実在」の概念にも大変革を迫るものになった重要な理論なのである。

光のエネルギーには最小の単位がある

それはさておき、さっそく、アインシュタインがどうやって「光電効果」を説明したのかを見てみよう。

光を波と考えると、光のエネルギーは波の振幅と波長で決まる。一定の波長で考えた場合、振幅を小さくすれば、いくらでも小さなエネルギーを考えることができる。光のエネルギーは、連続的にどんな値でもとれるのだ。しかし、この考え方では光電効果は説明できなかった。

アインシュタインは、光のエネルギーの基本単位として「光量子」というものを仮定した。その基本となるエネルギーは、光の振動数に比例する、つまり、光の波長に反比例する、ある決まった値を持つ。その比例定数はプランク定数とよばれ、6×10^{-34}という非常に小さな値である。

光のエネルギーは連続的な値をとらず、「光量子」のエネルギーの整数倍である、飛び飛びの値しか持たないと考えるのだ。

また、「光が当たったときに、電子が飛び出す」という現象は、「1つの光量子が1つの電子に吸収されて、そのエネルギーを得た電子が飛び出す」と考える。非常にまれに2つの光量子が1つの電子に吸収されることがあるかもしれないが、この仮説にしたがって計算すると、光の強さが非常に強い場合を除いて、それはものすごく小さい確率でしか起こらず、無視できる。

光量子で光電効果もすっきり説明

では、この仮説に基づいて、39ページに示した3つの実験結果を説明してみよう（図2－10）。

まず、最初の実験結果について。光量子仮説では、1つの電子が1つの光量子を吸収する。光量子の波長をだんだ

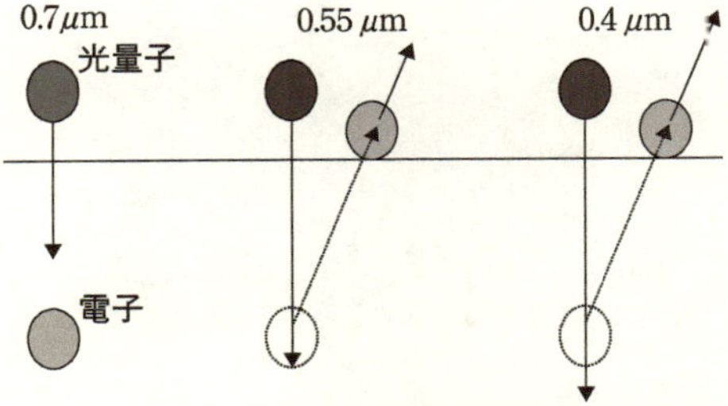

図2－10　光量子による光電効果の説明

ん短くすると、光量子のエネルギーは波長に反比例して大きくなっていく。そして、そのエネルギーが、電子が金属の中から飛び出すのに必要なエネルギーを超えたとき、突然電子が飛び出し始めるのだと考えることができる。

次に、２番目の実験結果について。光量子仮説では、光量子１つのエネルギーは、波長だけで決まる。また、光の強さは光量子の数に相当する。電子が飛び出すかどうかは、光量子１つのエネルギーがそのために十分かどうかだけで決まるはずなので、光の強さにはよらず、光の波長だけで決まるはずだ。また、光を強くすると光量子の数が増えるから、それに応じて飛び出す電子の数も増えるはずだ。このように、２番目の実験結果は「光量子仮説」を用いてよく説明できる。

最後に、３番目の実験結果について。光量子仮説では、飛び出した電子のエネルギーは、もともとの光量子１個のエネルギーから、電子を金属から飛び出させるのに必要なエネルギーを差し引いたものになるはずだ。その場合、飛び出した電子のエネルギーは、もとの光の波長だけで決ま

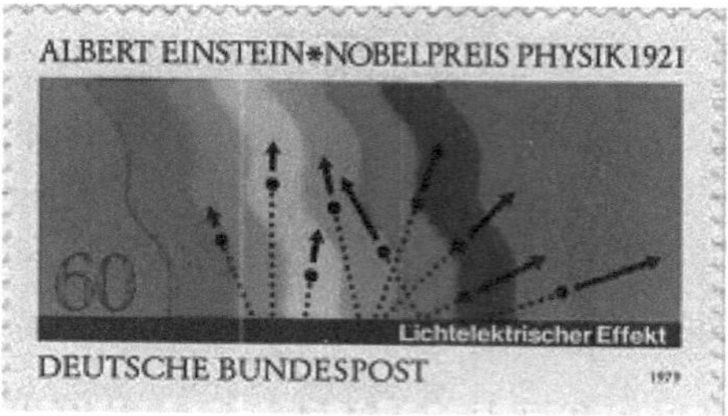

図2－11　光電効果をモチーフとした切手

る。この場合も、光の強さは光量子の数を表すだけなので、１つ１つの電子の持つエネルギーとは関係がない。

このように、アインシュタインは光量子仮説を用いて、光電効果をみごとに説明した。図2－11に示した、アインシュタインの受賞を記念したドイツの切手は、この光電効果の説明をうまく図案化している。

アインシュタインの考え出した「光量子」という言葉だが、今では「光子」という言葉の方がよく用いられている。これからは、この本でも「光子」という言葉を使うことにする。

2.4 結局、光とは？

光のエネルギーには基本単位がある

スリットを通った光による干渉縞の実験から、「光は波」だと結論づけられた。ところがアインシュタインの光量子仮説では、光をたくさんの「エネルギーのかたまり」

の集合と考えることで、光電効果の実験結果をうまく説明できた。この考え方は、ニュートンの粒子説に近いようにも見える。

では、結局光とは何なのだろう？　いったい波なのか、粒子なのか？

ここで大切なのは、「スリットを通った光は、干渉縞を示す」ことも実験事実であり、光電効果に見られた３つの実験結果もこれまた事実だという点だ。

つまり光は、単純な「波」や「粒子」といったものでは、もはやありえない。

注意してほしいのは、ニュートンが言っていた素朴な「粒子説」と、アインシュタインの「光量子」とは大きく異なる点だ。アインシュタインが仮定したのは、「光のエネルギーの最小単位」の存在だ。ニュートンとは違って、なにも「光の波としての性質」を否定はしていない。つまり、「光は基本的には波だが、それぞれの波長の光に対して、エネルギーの基本単位があって、その基本単位を分割することはできない」。

これが、光だ。このように波と粒子の双方の性質をあわせ持つことは、二重性とよばれる。

光子に気がつかなかった理由

では、通常私たちが生活の中で使っている光にはどのくらいの光子が含まれているのだろうか。

光の強さを測定する「光パワーメーター」を使って、蛍光灯の下で実際に測ってみると、手のひらの上に降り注ぐ光のエネルギーは、毎秒５ミリジュール程度だ。

蛍光灯からはさまざまな波長の光が出ているが、その中心の波長の570ナノメートル（１ナノメートルは10億分の１メートル）で光子のエネルギーを計算すると、約3.5×10^{-19}ジュールになる。

手のひらの上に１秒あたり降り注ぐ光子の数を計算するには、毎秒の放射エネルギー（５ミリジュール）を光子１つのエネルギーで割ればよいから、計算すると大体毎秒10^{16}個、つまり１兆個のさらに１万倍にもなる。

つまり、こういうことだ。以前の単スリットの実験でも、実際には検出部分では、１つ１つの光子が検出されていた。しかし、あまりに莫大な数の光子がそこに存在するために、それはなにか連続した波のようなものだと思われていたのである。

2.5 波の性質を持つ粒子

光は、波であると同時に粒子的な性質を持つことを説明してきた。これとは逆に、これまで「粒子」と考えられてきた電子や原子などが「波」としての性質も持つことが20世紀の初めにわかった。ここではその歴史を手短に振り返ることにしよう。

水素原子のなぞ

電気が連続的なものではなく、なにか最小の単位が存在することは、19世紀にＪ・Ｊ・トムソン（1856～1940）らによって発見された。こちらについても、光の時と同じように、電子を「粒子」と考えたときに説明のつかない実験事実がいくつか現れた。その代表的なものが、「なぜ水素原子は安定に存在できるのか」という問題だ。

20世紀初頭には、原子の中心には重くてプラスの電気を帯びた「原子核」があり、その周りを電子が「回っている」ということが実験でわかってきた。ただ、そのようなモデルには、１つ大きな問題が存在した。どう考えても、原子核の中に電子が「落ち込んでしまう」ということである。

電気の流れが変化すると、そこからは電磁波が放射される。例えば、なにか電気製品のスイッチを入れたときに、テレビの画面にノイズが載ったりするのは、突然電流が生じたことによって発生した電磁波の影響だ。

原子の中で回転する電子は、常にその運動の向きを変え続けるわけだから、ある意味「常に変化し続ける」電流のようなものだ。ならば、電子からは常に電磁波が放射されることになる。電磁波が放射されれば、その分だけ電子はエネルギーを失う。エネルギーを失うと、電子はさらに原子核に近いところを回り始める。そうすると、回転する半径が小さくなるために、その「運動方向の変化」も激しくなって、さらに電磁波を放出する。そして、ついには原子核に吸収されてしまうはずである。

これは、ちょうど人工衛星が、時間がたつにつれて、非常に希薄な大気との摩擦などでエネルギーを失い、徐々に軌道が下がって、ついには大気圏に突入するというのに似ている。

つまり、電子が粒子だとする考え方では、「水素原子は不安定ですぐ壊れる」という結論になってしまう。ところが、実際には水素原子は安定に存在している。

電子波と電子顕微鏡

この問題を解決するのに登場したアイデアが、ボーア（1885～1962）によって提唱された「電子波」の仮説だ。

今、電子が波のような性質を持つと考え、「原子核の周りを１周する軌道の長さは、その波長の整数倍の状態しか取り得ない」と仮定しよう。

電子波の波長が長いほど、その状態のエネルギーは低いとする。また、先ほど説明したように、電子のエネルギーは、原子核からの距離が離れるにしたがって大きくなる。つまり、内側に近づくほど電子の波長は長くなる。

そのような仮定の下で、水素原子の電子について考えてみよう。エネルギーの高い状態では、電子波は波長の何倍かの長さの軌道を回っている。電子はエネルギーを失うと、次第に内側の軌道へと移る。その結果、軌道１周の長さは電子の波長に近づく。そしてついには軌道の長さは、ちょうど電子の波長の長さになる。その状態からは、もはや電子は移動することができない。このようにして、水素原子が安定に存在することを説明できる。

このころは仮説でしかなかった「電子波」だが、その後さまざまな方法でその性質が確認された。

もっともよく使われている応用例が、「電子顕微鏡」だ。光学顕微鏡では、原理的に可視光線の波長である１マイクロメートル（1000分の１ミリメートル）程度が分解能になる。ところが、電子波の波長は、可視光線に比べて非

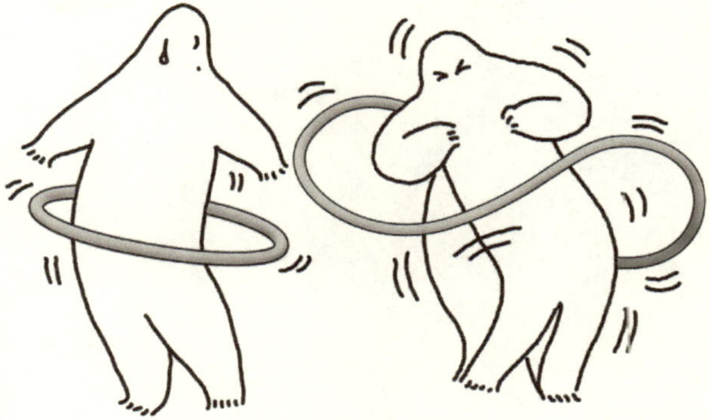

図2－12　水素原子と電子
水素原子は、陽子１つとその周りを回る電子１つからできている。エネルギーの高い状態（右）では、電子はその電子波の波長の何倍かの長さの軌道を回っているが、光などの形でエネルギーを失うと、最終的には、軌道の長さが電子の波長と一致したところに落ち着く（左）。通常、水素原子はこの安定な状態にある。

常に短くできるので、非常に細かい部分まで観察することができる。最新の電子顕微鏡の分解能は、50ピコメートル（１ピコメートルは１兆分の１メートル）にも達している。

物質も波の性質を持つ？

じつは、波の性質を持つのは電子だけとは限らない。ほかに、中性子、原子なども、波の性質を持つことが確かめられている。

ここでは、最近ウィーン大学のザイリンガー教授のグループで行われた、C_{60}という分子の干渉実験を紹介しよう

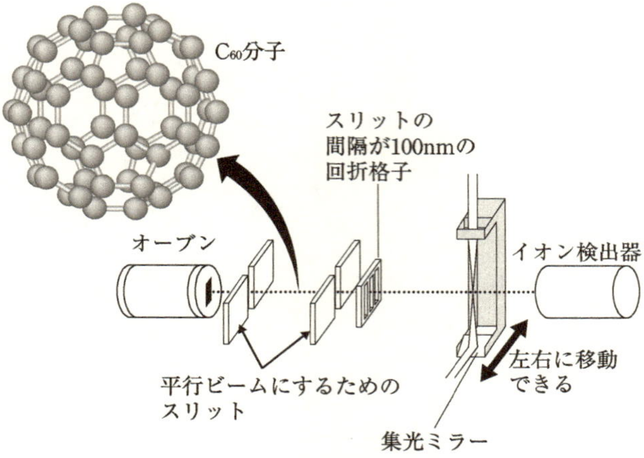

図2－13　C_{60}干渉実験

原図／Zeilinger

(図2－13)。

C_{60}は、炭素原子が60個集まってできていて、ちょうどサッカーボールのような形をしている。重量は、電子の100万倍以上である。また、遺伝子を持つものとしては最小であるブタサーコウイルスとくらべても、5分の1くらいの重さがある分子だ。

実験の原理は、先に紹介したレーザー光の干渉実験とまったく同じだ。まず、C_{60}をオーブンで蒸発させる。このままでは向きはばらばらだから、2つのスリットを使って、方向のそろったC_{60}だけを選び出す。C_{60}の波としての性質を見るためには、その波の波長に応じた幅を持つスリットを用意しなくてはならない。この実験では、波の干渉の効果をよりよく見るために、回折格子とよばれる、幾本

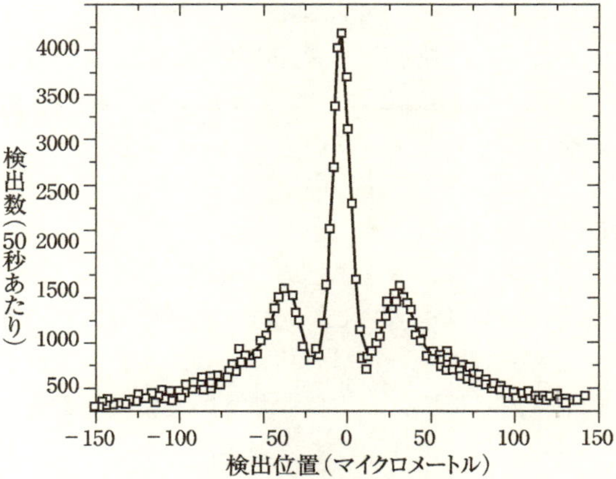

図2−14　C_{60}干渉縞

検出位置が中心から遠ざかるにつれて、検出数はいったん減少するものの、再度増加する部分がある。この検出数は、図2−7のレーザー光を用いた検証実験での明るさに対応しており、同様に波の干渉として説明できる。　原図／Zeilinger

ものスリットが並んだものが使われた。C_{60}の想定される波長は、大体2.5ピコメートルなので、スリットの間隔は100ナノメートルという細かいものが使用されている。

結果の検出は、非常に狭い範囲に集光したレーザー光でC_{60}を照らすことによって行う。もし集光した場所にC_{60}が飛んでくれば、レーザー光によってC_{60}の電子が剥ぎ取られてイオン化する。つまり、イオンが検出されれば、C_{60}がレーザー光の集光位置に「飛んできていた」という証拠になる。

図2−14の実験結果を見てほしい。レーザー光の干渉実験の時とほぼ同じように、縞状の分布を表すパターンが見

られている。このような結果は、C_{60}を単にサッカーボールと同じような「粒子」と考えた場合には説明できない。この実験結果は、C_{60}という大きな分子も、波の性質を持つことをはっきりと示している。

再び「量子」とは

ここで、この章の話をまとめておこう。

光電効果の発見を通じて、光は、波長に対応した基本的なエネルギー単位「光子」からできていることがわかった。また、同じように、電気も基本的な単位「電子」からできている。このように、ある基本的な単位量のことを、「量子」とよぶ。

また、「電子」や「光子」は、基本単位が存在するという点では、ボールのような「粒子」のように思えるが、同時に、波としての性質もあわせ持つことを見た。

物質は原子からできているが、その原子はさらに中性子や陽子、電子などからできていることがわかっていて、それらは「素粒子」とよばれている。じつは、それらの素粒子も、「粒子」と「波」の性質をあわせ持つことがわかっている。さらに、C_{60}という炭素原子が60個集まった巨大な分子も、波の性質を持つことを見た。

先ほど述べたように、厳密な定義ではC_{60}は「量子」とよべないかもしれないが、この本では「量子とは、波と粒子の性質をあわせ持つもの」と、もうすこし定義を広げて考える。

次の章では、これらの「量子」がしたがう法則、「量子力学」について見ていくことにしよう。

第3章

量子の不思議

3.1 量子力学は難しい？

MIB（メン・イン・ブラック）と量子力学

第2章では、光や電気が基本的な単位である「光子」や「電子」からなっていること、そのような基本単位を「量子」とよぶことを説明した。また、それらの「量子」は、粒子性と波動性をあわせ持っていることも紹介した。

その「量子」1つ1つの振る舞いを調べてゆくと、ふだん身の回りにある世界の常識ではちょっと想像がつきにくいような性質が見つかってきた。その性質を説明するために作り上げられた「理論」が、「量子力学」だ。

みなさんは、「量子力学」という言葉にどういった印象をお持ちだろうか。この言葉を聞いたことがない方も多いかもしれない。知っている方も、なんだか「得体が知れない」という印象をお持ちではないだろうか。

図3−1　『メン・イン・ブラック』
コレクターズ・エディション（発売中）
発売・販売元：（株）ソニー・ピクチャーズ エンタテインメント

先日、『メン・イン・ブラック』（図3−1）のビデオを見た。人間に変装して世間に紛れ込んでいる宇宙人のうち、悪をたくらむものを、特殊部隊「メン・イン・ブラック（MIB）」のウィル・スミス扮する主人公Ｊらが退治するという物語である。

その中で、射撃テストのシーンがあった。よくゲームセンターにある（あった？）射撃ゲームを思い出してほしい。地球人に扮した宇宙人の「看板」が、一瞬パタッと起き上がって、すぐにまた隠れてしまう。その際、よい宇宙人と悪い宇宙人を瞬時に見分けて、悪い宇宙人だけを撃たなければならない、というものだ。ＪがMIBに選ばれるには、このテストをパスしなければならない。

ところが、主人公のＪは、よりによって胸に単行本を抱えた小さな女の子の「看板」を撃ち抜いてしまった。理由を聞かれたＪの返事は、「あんなわけのわからない本を持ち歩いている小さな女の子というのは怪しすぎる」。女の子が胸にかかえた本がズームアップされると、そこには「Quantum Physics（量子物理学）」の文字が。私は思わず吹き出して、隣にいた妻は妙に受けていた。

どうしても必要な量子力学のエッセンス

こんな扱いもされる「量子力学」。なにせ、「ふだんの常識ではちょっと想像がつきにくいような」量子の性質を説明するために生まれたのだから、とっつきにくいのは仕方がないかもしれない。

ただ、第２章でも見たように、世の中を細かく見ていくと、物質も光も、すべてが「量子」で成り立っている。そういう意味では、身の回りの自然現象を本当に支配しているのは、「量子力学」ということになる。

私たちがふだん用いている「波」や「粒子」といった考え方は、「量子」がたくさん集まった場合についてだけ正しい理論で、それも「量子力学」から導くことが可能だと考えられている。

もし、世の中のすべてを量子力学で説明できるのであれば、コンピュータの原理として、「量子力学」を持ち出すのは、自然なことではないだろうか。

量子計算は、「量子力学」を本質的に利用して、高速な計算を行う。そのしくみを理解するには、やはりどうしても「量子力学」の中身に立ち入らなくてはならない。

この章では、量子計算を理解するために必要となる「量子力学」のエッセンスを、できるだけわかりやすく説明する。

3.2 不確定な関係

光の偏光と偏光フィルタ

みなさんは、「偏光」という言葉を聞いたことがあるだろうか。光は電磁波の一種で、ふつうその進む方向と直角に電場と磁場が振動している（図3－2）。一定の方向に振動している光のことを「（直線）偏光」とよぶ。

ひと口に偏光といっても、進む方向と直角な向きというのはさまざまだ。特に、電場が水平方向に振動する光を「水平偏光」、それと垂直な方向（＝上下方向）に電場が振動する光を「垂直偏光」とよぶ。

ある特定の方向の偏光だけを通す性質を持つのが、偏光フィルタだ。図3－3の例の場合、偏光フィルタは垂直偏光だけを通し、水平偏光はまったく通さない。もし、水平と垂直の中間（斜め）の偏光が入った場合には、その角度に応じて、この場合には垂直偏光が出てくる。例えば、45度偏光を入射した場合には、入射した光のちょうど半分の強度（エネルギー）を持った垂直偏光がでてくる。ちなみ

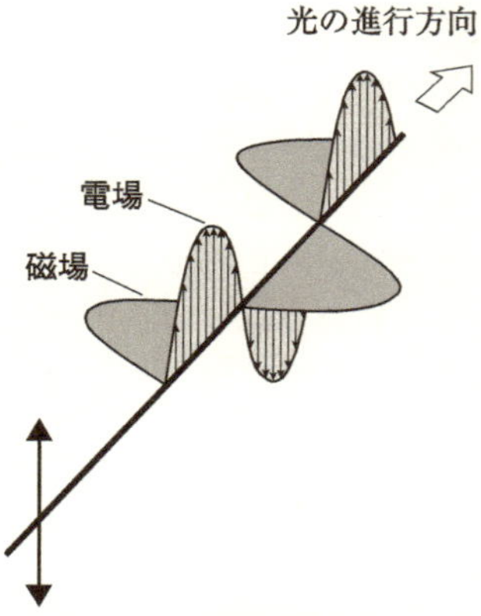

図3－2　直線偏光の光
垂直偏光の場合を示した。

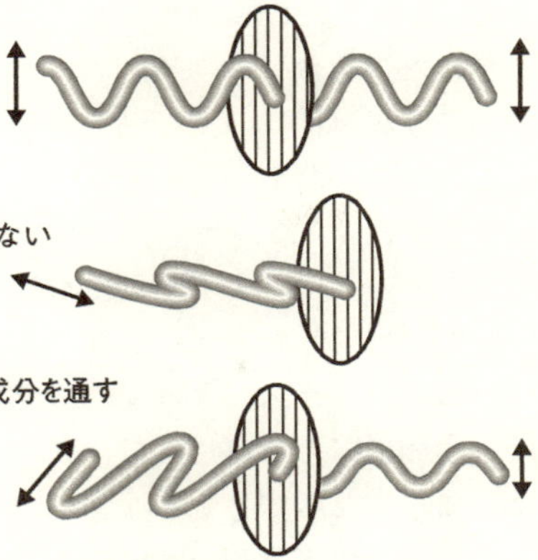

図3−3　偏光フィルタのしくみ

図3−4　偏光フィルタ
２つのフィルタは、透過する偏光の方向が互いに垂直になるような状態にある。そのため、重なっている部分では光が透過できず、真っ黒になっている。東急ハンズなどで手に入る。

に、偏光フィルタを90度回転させると、今度は水平偏光を通し、垂直偏光をカットする。

偏光フィルタ（前ページ・図3－4）は、じつは身の回りでとてもよく使われている。スキーのゴーグルには、すこし灰色がかったフィルタが使われていることが多いが、あれは偏光フィルタだ。よく晴れた日は、太陽の角度によっては、雪面で反射した光がギラギラととてもまぶしい。しかし、単にスリガラスのようなもので光の量を少なくするのでは、全体に暗くなるだけで、知りたい斜面のようすまでわかりにくくなってしまう。

じつは、雪面で反射した太陽からの光は、水平偏光の成分を多く含んでいる。ゴーグルには、その水平偏光を通さないようなフィルタが使われている。そのフィルタが、雪面で反射した太陽光のあのギラギラを選択的にカットしてくれるというしくみだ。

光の偏光を区別する「偏光ビームスプリッタ」

同じような機能を持つ光学素子に、偏光ビームスプリッタ（図3－5）がある。偏光フィルタでは、垂直偏光が透過する場合には水平偏光は吸収されてしまった。一方、偏光ビームスプリッタは、水平偏光をちょうど90度直角方向に反射する（図3－6）。光を用いた実験ではよく使われる光学素子だ。

この偏光ビームスプリッタに、45度偏光を入射してみよう。すると、水平偏光と垂直偏光の２つの偏光に分解されて出てくる。

今、手元に入射している光がどのような偏光なのかを調

図3−5　偏光ビームスプリッタ
まわりの黒い部分は、微妙に角度を調整するための装置。

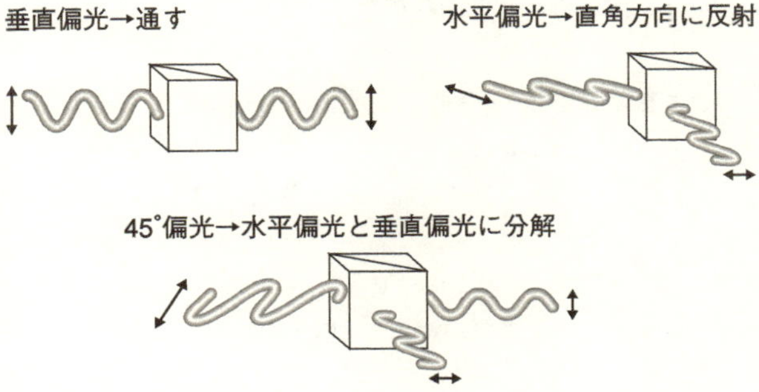

図3−6　偏光ビームスプリッタのしくみ

べたいとする。それには、偏光ビームスプリッタにその光を入射して、２つの出射面から出てくる光の強度を、検出器で調べてやればよい。水平偏光や垂直偏光の場合は、どちらか一方だけの検出器で光が検出されるのですぐにわかる。また、例えば45度偏光の場合、２つの検出器のどちらもがほぼ同じ強さを示すはずだ。このように、垂直、水平、45度のどの偏光を持っているかは、簡単に見分けることができる。

光子の偏光

では、光子の場合はどうだろうか？　同じような実験を、ある偏光を持った光子と、光子の有無を検出する検出器でやってみるのである。「光子１つの状態など作れるのだろうか？」という疑問をお持ちの方もいるかもしれないが、答えはイエスだ。最近はパルス内に光子が１つだけ存在するような状態も作り出せるようになりつつある。

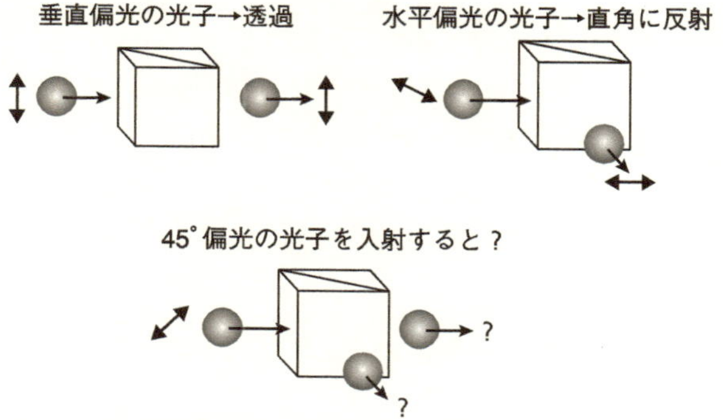

図3−7　光子を偏光ビームスプリッタに入射した場合

まずは、垂直偏光の光子を偏光ビームスプリッタに入射した場合を考えよう（図3－7)。この場合は、垂直偏光の光の場合と同様に、光子は偏光ビームスプリッタを透過する。また、水平偏光の光子を入射すると、直角に反射される。これは納得していただけるだろう。

では次に、45度の斜め偏光を持つ光子を偏光ビームスプリッタに入射したらどうなるだろう。

第２章で見たように、光子はエネルギーの最小単位だから、２つに分割されることはないはずだ。もし２つに分かれて出てきたら、アインシュタインの「光量子」の考え方に反することになる（ここでは、別の波長に変換される場合は考えない。偏光ビームスプリッタに光を入射しても、その光の波長は変化しないため)。

では、実際にはどうなるのだろう？　今では、単一の光子を発生させる装置や、光子１つを検出できる検出器が存在するので、このような実験もできる。

実験を行うと、透過した側で検出される場合と、90度反射された側で検出される場合が、でたらめに現れることになるだろう。図3－8では、例として、たまたま１つ目と２

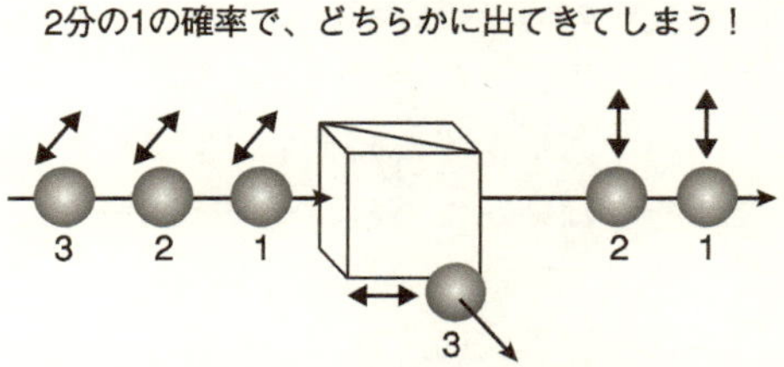
2分の1の確率で、どちらかに出てきてしまう！
3
2
1
2
1
3

図3－8　45°偏光の光子の場合

つ目の光子が透過側で検出され、3つ目の光子が反射側で検出される場合を示した。

大切なことが2つある。1つは、実験を何度も何度も繰り返すと、透過する光子と反射する光子の割合がほぼ厳密に等しくなるということだ。実験を何度も何度も繰り返すということは、たくさんの光子を用いて実験するのと同じだ。このことは、強度の強い45度偏光を入射した場合に、透過と反射の強度が等しいことに対応している。

もう1つは、1つ1つの光子について、透過するのか、反射するのかは、誰にも予測がつかない、ということだ。完全にでたらめである。

この結果についての見方を変えると、非常に重大な結論が引き出せる。誰かが、縦、横、斜め（45度）のうちいずれかの偏光を持った光子を送ってきたとしよう。あなたは、その偏光を100パーセントの正解率で言い当てることはできないのだ。これは、偏光ビームスプリッタを通した場合にかぎらない。ここでは詳しく述べないが、どのような方法を用いても言い当てられないことを、理論的に証明できる。

光子は、普通の光パルスと大きく事情が異なる。縦、横、斜め（45度）の偏光のいずれかを持った光パルスが送られてきた場合、先に見たように、偏光ビームスプリッタと検出器を用いて簡単にその偏光を特定できた。しかし、光子1つではそうはいかないということになる。

じつは、これが有名な「不確定性原理」だ。1984年まで、これは単なる物理法則だった。しかし、1984年にベネットとブラッサードは、この原理を用いて、盗聴者の存在を必ず見破る暗号システムを発明した。これについては、第７章で詳しく述べる。

3.3 光と干渉

光を分ける半透鏡

次に、「重ね合わせ」という量子特有の性質について見てみよう。この「重ね合わせ」の考え方は、量子コンピュータのしくみの核心部分だ。

ここでも、ふつうの光を用いた実験から説明しよう。先ほどは「偏光ビームスプリッタ」が主役だったが、この節では、「半透鏡」という道具に活躍してもらう。

半透鏡というのは、ちょうど半分の光だけが透過し、半分の光が反射するような鏡だ（図3－9）。

あまり日常生活では見かけないが、マジックミラーとして用いられたりしている。明るい部屋と暗い部屋をマジックミラーで仕切ってあったとする。暗い部屋の人は、自分の部屋からの光が鏡を反射してくるのよりも、明るい部屋

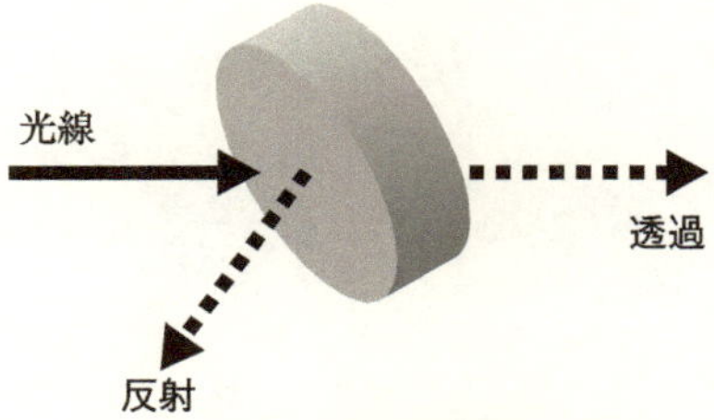

図3－9　半透鏡

からの光が鏡を通過してくる方が強いので、明るい部屋のようすが手に取るようにわかる。一方、明るい部屋の人から見ると、自分の部屋の光が鏡で反射する方が、暗い部屋からの光よりも圧倒的に強いので、一見ただの鏡のように見えてしまう。それがマジックミラーの原理だ。

干渉計の出力

この半透鏡に、強度（明るさ）の強い光ビームを入射すると、２つの光ビームへと分割される。ここで強度が強いというのは、光子１つに比べてずっと強いという意味であり、例えばレーザーポインタからの光などと思っていただきたい。

では、この２つの光ビームを、再び半透鏡でぴったり重ね合わせるとどうなるだろうか（図3－10）。このような装

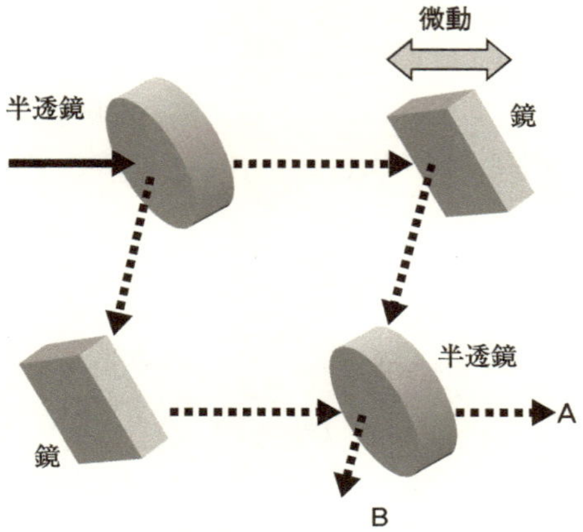

図3－10　干渉計

置は、干渉計とよばれている。今は簡単のために、垂直偏光だけを考え、偏光の方向は、鏡による反射などでは変化しないとしよう。

実験をすると、奇妙なことが起こる。半透鏡の位置や角度を正確に調整して、出口のあとで、２つの光が完全に再び重なるようにすると、出力には、まったくの明るい状態や暗い状態が出現するのだ。このとき、出力の一方（例えば図3－10のＢ）が真っ暗だと、もう一方の出力（図3－10のＡ）からは、入射した光のすべてが出てくる。

どちらの出力が明るくなるかは、干渉計の２つの光の経路の長さの「差」に関係している。２つの経路の差は、片方（図3－10では上側）の経路の鏡の位置を微動させることで簡単に調整できる。例えば上側の経路の鏡を波長の半分だけ左に動かすと、上側の経路のみが波長の半分だけ短くなる。

このように経路の差を正確にコントロールして、実験を

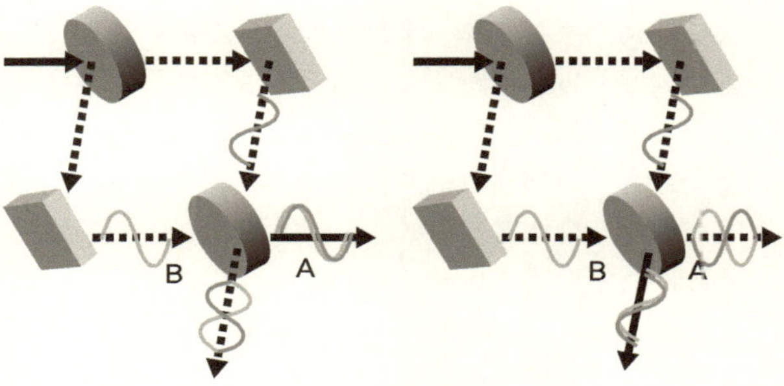

(a)　(b)

図3－11　強度の強い光を入射した場合の干渉計の出力

してみよう。すると、2つの経路をまったく同じ長さに設定した場合、入射された光は、すべて出力Aの方から出てくる（前ページ・図3－11（a））。一方、経路の差が、光の波長の半分だけずれるように設定すると、今度は逆に、入射された光はすべて出力Bから出てくる（図3－11（b））。

経路の長さが等しいとき

この現象は、光を「波」として考えると、うまく説明できる。光は、半透鏡を透過するときにくらべて、半透鏡で反射したときは、波がちょうど4分の1波長だけ遅れる。また、鏡で完全に反射される場合は、位相が反転する（＝半波長ずれる）。これらは、マクスウェルの電磁気学を使うと証明できるが、ちょっと難しいのでここでは詳しい説明を省く。

今、上側と下側の経路をまったく同じ長さに設定した場合について、まず、出力Aの状態を考えよう（図3－11（a））。この場合、どちらの経路を通る場合も、光ビームは1度は半透鏡で反射され、また1度は半透鏡を透過している。また、どちらの経路でも、鏡で1度ずつ反射されるので、この効果は相殺される。結果として、どちらの経路を通った場合も、波の山谷は同じようになっているはずだ。波と波が重なり合うときには、ふつう単に互いの振幅を足したものになる。光の場合もそのように考えてよい。だから、この場合は、2つの経路を経た結果、もとの波と同じ高さの波になっているはずだ。そのため、出力される光の強度は、入力された光と同じになる。

次に、Bの出力について考えてみよう。Bの出力の場合、上側の経路を通った光は、２度とも半透鏡を透過する。それに対して、下側の経路を通った光は、２度とも半透鏡で反射され、そのたびごとに４分の１波長だけ「遅れる」。結局、上側の経路と下側の経路では、波長半分だけの違いが生じる。この場合、上側の経路の光が「プラスの山」の場合、下側の経路は「マイナスの山」になる。プラスとマイナスが打ち消しあって、０だ。このように出力Ｂでは、２つの経路を通った光の振幅が、互いに打ち消しあうように重なってしまい、結果としてまったく光は出力されない。

これが、２つの経路を全く同じ長さに設定した場合の説明だ。

干渉計と位相差

ところで、第２章で波の概念を紹介したときに、そのとき波が１周期のどの状態にあるか（波の山谷の進み具合）を「位相」とよんだことを思い出してほしい（34ページ・図2－4）。図3－11（a）におけるＡの出力のように、２つの光の山谷がぴったり重なり合う状態のことを「位相差が０の状態」とか、「位相が一致した状態」とよぶ。また、Ｂの出力のように、山谷が互いにずれた状態を「位相がずれた」状態とよぶ。

２つの経路の長さを、光の波長の半分だけ違うように設定した場合には、同じように考えると、Ａの出力では互いに波が打ち消し合い、Ｂの出力では互いに波が強め合うことになる（図3－11（b））。

今、干渉計の中の鏡の位置を微調整して、経路の差が波長の４分の１になるように設定したとしよう。そのときには、Ａの出力、Ｂの出力の両方から同じ強さの光が出力される。その値をだんだん変化させることで、Ａにすべて出力される状態から、Ｂにすべて出力される状態へ、またその逆へと徐々に変えることができる。

この現象は、干渉計の経路の長さの差を変化させることで、互いの光の位相差を制御できた結果と見ることもできる。

3.4 光子・確率波・重ね合わせ状態

半透鏡は光子を弾くのだろうか？

半透鏡とは、光のビームを２つに分ける道具だった。では、光子１つが半透鏡に入ったらどうなるだろうか（図3−12)。

読者の中には、「斜め偏光の光子が偏光ビームスプリッタに入った場合と似ている」ことにお気づきの方もいるだろう。そう、光子は２つに分割されることはない。この場

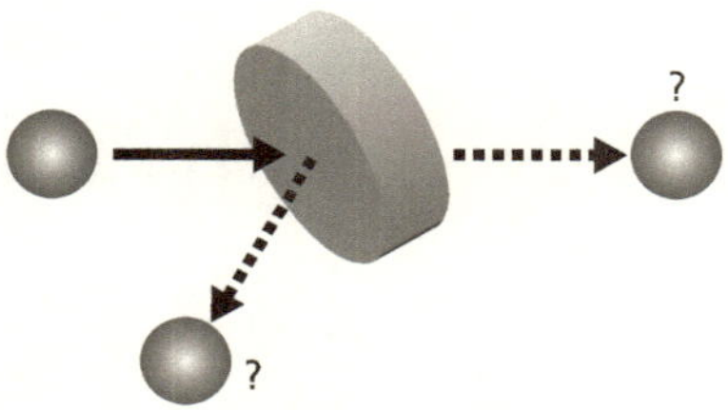

図3−12　光子を半透鏡に入射すると？

合も、半透鏡の２つの出力それぞれに光子検出器を設置してもし実際に実験をしたならば、光子は２つの検出器ででたらめに検出されることになる。

このような実験結果は、「半透鏡は、光子をでたらめに弾いている」ことを表しているように見える。つまり、光子が半透鏡に入射したとき、なにか人には予測できないようなしくみが働いていて、光子が透過するか反射するかが決まり、光子はその決まりにしたがって、透過または反射されてゆく、という考え方だ。

では、本当に「半透鏡は、光子をでたらめに弾いている」のだろうか？

光子を干渉計に入射すると？

これを考えるために、もう１枚半透鏡をつけ加えて、「干渉計」にした場合について考えてみよう（図3－13）。「半透鏡は、それぞれ確率1/2で光子をでたらめに反射または透過する」としよう。干渉計の２つの出力ＡとＢのう

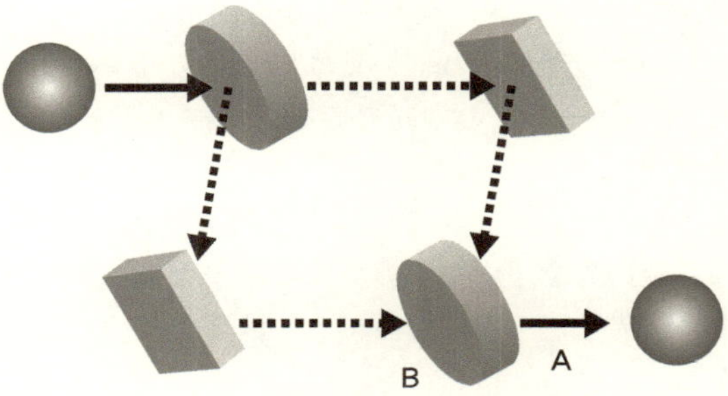

図3－13　光子を干渉計に入射する

ち、光子がAで検出されるには２通りの場合がある。１つは、まず最初の半透鏡を透過して上側の経路を通り、そして次の半透鏡で反射される場合。最初の半透鏡を透過する確率が1/2、さらにつぎの半透鏡で反射される確率が1/2だから、このような経路を通る確率は1/4あることになる。もう１つは、最初の半透鏡で反射されて下側の経路を通り、つぎの半透鏡を透過する場合だ。この場合も同様に考えて、確率は1/4。

結局、Aに光子が届く確率は、1/4＋1/4で、常に1/2 のはずだ。

しかし、一方では先に見たように、干渉計に強い光を入れた場合、その出力は経路の長さによってさまざまに変わり、「常に1/2」ということはなかった。

では、実験をしてみるとどうなるだろうか。答えは、「干渉計の一方の出力から光子が射出される確率は、経路の長さに応じて変化し、『常に1/2』ではない」だ。２つの経路がまったく同じ長さであれば、100パーセントの確率でAから射出され、経路の長さが波長の半分だけ異なる場合は、100パーセントの確率でBから射出される。経路の長さの差がその間であれば、それに応じて確率は０パーセントと100パーセントの中間の値を取る。

この結果は、「半透鏡は、光子をでたらめに弾いている」のではない、ということを示している。むしろ、図3－11の、強い光を用いた干渉実験の結果とよく一致する。

つまり、光子が１粒になっても、波としての性質を持つことがわかる。

では、半透鏡では光子にいったい何が起こっているのだろう？　また、たった１粒の光子が、どうやって両方の経路の差を知ることができたのだろう？

光子と確率波

第２章で、光はエネルギー最小の単位「光量子（光子）」の集まりだということをすでに見てきた。

しかし、半透鏡を用いた干渉の実験では、光子が、たとえ１粒になっても波としての性質を維持していることがわかった。そう、光子はボールと同じような「粒子」として考えることはできない。

そこで登場するのが、「確率波」という考え方だ（図3－14）。干渉計に光子を１つ入射した場合の説明は次のようになる。

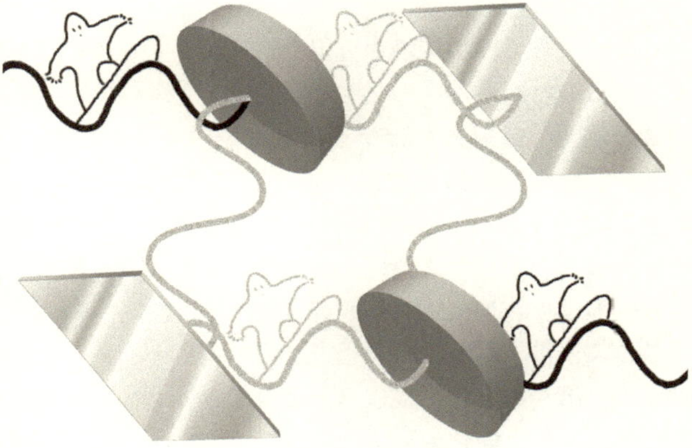

図3－14　確率波

まず、半透鏡に入射するのは、光子１つの「確率波」だ。光子が存在するかどうかの確率は、「確率波」の振幅の２乗で表される。これは、波のエネルギーが振幅の２乗に比例することと対応している。入射した確率波は、半透鏡で２つの波に分かれる。その２つの波の振幅は、２乗すると1/2になるような値を持つ。また、強い光のときと同様、反射する場合は、透過する場合に比べて「確率波」の位相がすこし遅れる。

上側の経路を通った確率波と、下側の経路を通った確率波は、それぞれ振動をくり返しながら伝搬し、２つ目の半透鏡で重ね合わせられる。その際、それぞれの経路がまったく同じ長さの場合、（強い光のときと同じような理由で）Ａの出力で確率波は強め合い、大きさ１の振幅を持つようになる。そのときは、Ｂでの確率波の振幅は０になってしまう。もし、経路の長さの差が波長の半分存在した場合には、この結果は逆になる。

では、１番目の半透鏡から出た直後に光子を検出するとどうなるのだろうか？

この場合、透過した確率波の振幅を２乗すると、1/2となる。同様に、反射した確率波の振幅を２乗しても、1/2となる。つまり、「もし１番目の半透鏡から出た直後に光子を検出した場合、透過側、反射側でそれぞれ光子を検出する確率は1/2だ」と予言できる。

このように、確率波の考え方を用いることで、半透鏡の直後で検出した場合、半透鏡を２枚組み合わせた干渉計に光子が入力した場合のいずれについても、うまく説明することができるのだ。

重ね合わせ状態

このように、干渉計の中では光子は、単純に上側の経路、もしくは下側の経路のどちらかだけに存在するというわけではない。もしそのように考えると、干渉計の出力が説明できない。

また、光子が２つに分かれて飛んでいるわけでもない。くり返しになるが、もし２つに分かれて飛んでいれば、半透鏡の直後で検出した際に、「半分の光子」が検出されるはずだが、実験するとそうはならない。

干渉計の中の光子は、「ある振幅を持った２つの確率波として表される状態にある」としか言いようがない。このような状態を、「重ね合わせ状態」とよぶ。この概念は、量子コンピュータを理解するうえでとても重要だ。

重ね合わせ状態を「壊す」

この重ね合わせ状態は、「どちらの状態にあるか」を知ることができるような操作を行ってしまうと、じつは壊れてしまう。ただ、壊れてしまうといっても、なにも光子が消えてなくなるわけではない。でたらめにどちらかの経路に存在するという状態に変化するのだ。

今度もまた干渉計を使ってこのことを見てみよう。今、干渉計の２つの経路の長さが一致している場合を考える。この時、光子は必ず出力Ａから出てくる。出力Ｂから出てくることはない。

この干渉計の上側の経路に光子の検出器を設置すると、どうなるだろうか（次ページ・図3－15）。実験結果は次のようになる。100回実験をすると、大体半分にあたる50回

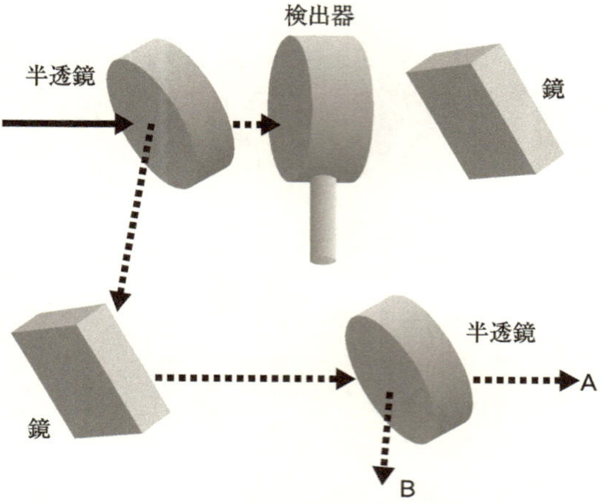

図3－15　光子を途中で検出する

程度は、上側の経路で光子は検出される。そして、のこり約50回のうち、その半分の25回程度は出力Aから、25回程度は出力Bから光子は検出される。

この結果を、確率波の考え方で説明してみよう。最初の半透鏡で、光子は、上側の経路と下側の経路で同じ振幅を持つ2つの「確率波」で表されるような状態になる。「重ね合わせ状態」だ。しかし、上側の経路に設置された光子検出器で、どちらの状態にあるかの「観測」が行われる。このとき、もし光子検出器で検出されれば、「上側の状態」に確定する。ただし、ふつうの光子検出器を用いた場合、光子は吸収されて、なくなってしまう。

逆に、光子検出器で検出されなかった場合について考えてみよう。この場合には、「下側の状態」であることが確定する。この場合はまだ光子は存在するので、（検出されなかった場合のみを考えると）新たに「下側の状態」で振幅１（確率１）を持つような確率波として表されることになる。

この「下側の状態」の光子（確率波）は、２つ目の半透鏡で、出力ＡとＢに同じ振幅を持った状態へと変換される。この場合、もはや、「上側の確率波との干渉」は生じないので、出力Ａと出力Ｂでそれぞれ同じ確率で検出されることになる。

以上のように、どちらの経路に存在するのかを観測しようとすると「重ね合わせ状態」は壊れてしまい、もはや単に確率的に上側、下側どちらかの経路に存在する状態と変わらなくなってしまう。これを「重ね合わせ状態の破壊」という。

「重ね合わせ状態の破壊」は、「デコヒーレンス」ともよばれる。ここで注意してほしいのは、光子が「検出されなかった」場合も、重ね合わせ状態が壊れる、ということだ。大事なのは、光子が検出されるかどうかよりも、むしろ、どちらの経路を通っているかの情報が得られたかどうかだ。

「重ね合わせ状態の破壊」を引き起こすには、必ずしも光子検出器で検出する必要はない。例えば、経路の長さがよくわからなくなってしまうような特殊な材料を用いても同じことが起こる。

量子コンピュータでは「重ね合わせ状態」を用いて並列計算を行うので、デコヒーレンスは重要な問題だ。これについては、第６章で詳しく述べよう。

光を当てずにものを見る？

私たちが暗闇で「ものを見る」場合、ふつうは、灯りを点けたり、懐中電灯で見たいものを照らしたりするだろう。対象となるものに光を当てることで、物体の表面で反射する光を目で検出している。

では、次のような場合にはどうすればよいだろう。「ある場所に爆弾があるかどうかを検査したい。ところが、その爆弾は、手で触れてはもちろん、光を少し（光子１つでも！）当てるだけでも、爆発してしまう！」。また、その場所には爆弾以外のものは置かれていないとする。

このような検査は、一見不可能そうだが、じつは重ね合わせ状態を用いれば「光を当てずにものを見る」ことが可能になる。

仕掛けは、ここでも干渉計だ。図3－15で、検出器のあった場所に爆弾（があるかもしれない場所）を持ってきて、出力Ｂのところで光子が出てくるかどうかを調べるのだ（図3－16）。

まず、爆弾がなかった場合を考える。この干渉計は、上下の経路長が一致するように調整されているので、もし検出器を置かなければ、必ず光子はＡから出力される。出力Ｂからは決して出てこない。つまり、光子が出力Ｂから出てくる確率は０パーセントだ。

では、爆弾がある場合はどうだろう。この場合、爆弾は、図3－15の検出器とまったく同じ働きをする（光子が検出された場合、爆発する！）。50パーセントの確率で、光子は爆弾に当たり、爆発してしまう。しかし、残り50パーセントの確率で、光子は爆弾のない下側の経路へと向か

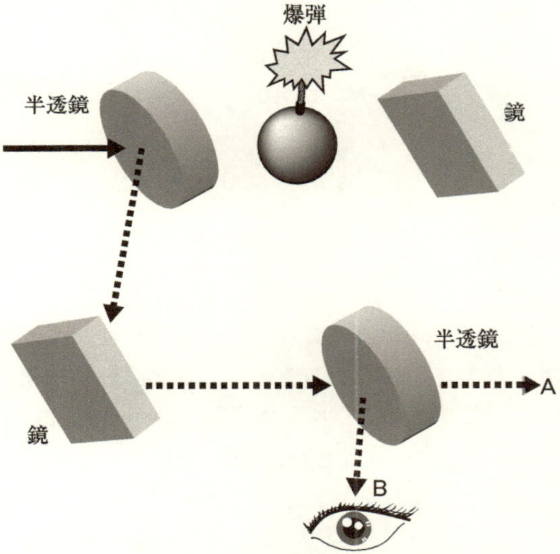

図3－16　光を当てずにものを見る？

う。そして最終的に、光子はＡから25パーセントの確率で、Ｂからも25パーセントの確率で出力される。そう、先ほどは０パーセントだった、光子がＢで検出される確率が、今度は25パーセント存在するのだ。

今、光子を１つだけこの干渉計に入射したとしよう。その結果、干渉計の出力Ｂで光子が発見されたとする。爆弾がない場合はそのようなことは決して起こらないから、「爆弾は存在する」ことがわかる。しかし、この時、光子は爆弾Ｂにはまったく当たっていない。このようにして、「光を当てずにものを見る」ことが可能になった！

お気づきのように、この実験では50パーセントの確率で爆弾が爆発してしまう。しかし、最近では干渉計の部分を工夫することで、爆弾を爆発させずに、ほぼ100パーセント「光を当てずにものを見る」実験が行われている。

3.5 まとめ

以上、量子力学のエッセンスである、「確率波」の概念、「重ね合わせ状態」、また「不確定性原理」などについて説明してきた。初めてこのような概念に触れた読者の方は、狐につままれたような印象を持つかもしれない。

しかし、「実験から得られた結果を説明するには、どうしてもこれらの概念を使わざるを得ない」ということをぜひ理解してほしい。有名な「神はサイコロを振らない」という言葉からわかるように、確率波の考え方に対しては、アインシュタインも最後まで納得していなかったようだ。とはいえ、この量子力学という「説明」の体系は、ここで説明した光子の振る舞いにとどまらず、これまで知られているほぼすべての実験事実をうまく説明してくれる。

量子計算は、この「確率波」「重ね合わせ状態」を駆使することで、莫大な並列計算を一気に行おうというアイデアだ。ではさっそく、次の第4章で、量子コンピュータのしくみについて説明しよう。

第4章

「量子」を使った計算機

4.1 量子コンピュータの誕生

量子コンピュータの生みの親ドイチュ

いよいよ、お待ちかねの、「量子計算」のしくみの話を始めよう。

読者の方の中には、「コンピュータの本だと思って読んでいたら、延々と物理の話が出てきた」とお怒りの方もあるのではないかと恐れている。言い訳になるかもしれないが、それは量子コンピュータのアイデアが登場した経緯と関係がある。具体的なしくみの話に入る前に、「そのような考え方がどのように生まれたのか」を少し説明させてほしい。

量子コンピュータのアイデアの登場は、1985年。場所はイギリス、オックスフォード大学である。発案者は、デビッド・ドイチュ（次ページ・図4−1）。彼はそのころ、理

図4−1　ドイチュ
撮影／根來智美

論物理学を研究する若手の研究者で、特に平行宇宙論というものに関心を持っていた。

平行宇宙論とは、第３章の「重ね合わせ」の考え方をもっと拡張して解釈する考え方だ。「重ね合わせ」にあるそれぞれの状態は、実際には、別々に平行して存在する宇宙に属している（！）ものと解釈する。ちょっと想像するのが難しいかもしれない。

ただ、「重ね合わせ」状態と観測にまつわる解釈はまだまだいろいろある。たぶん、厳密に比べれば、研究者が100人いれば100人とも違うかもしれない。とはいうものの、「重ね合わせ状態」に関する実験結果は厳然とした事実なのである。

平行宇宙論は、その中の解釈の１つだ。

計算機も物理法則にしたがう

私の知り合いに、科学記者の古田彩さんという方がいる。彼女は、量子コンピュータという考え方が生まれた経緯に非常な興味をお持ちで、とても詳細に調べていらっしゃる。次のドイチュのエピソードは、彼女から教えていただいた話だ。

1980年代初め、一部の研究者が、計算と物理学の関係について興味を持ち始めていた。例えば、「まったくエネルギーを消費せずに計算を行うことは原理的に可能か？」といったような問題だ。ドイチュはそんなある学会に出席していた。その学会での中心的な話題は、計算に必要なステップ数を数学的に見積もろうとする、計算量理論という分野に関するものだった。

そのとき、ドイチュは疑問を持った。「計算ステップがどうのといった話をしていてもしょうがないじゃないか。計算ステップを計算するには、基本となる原則（操作）を決めないと始まらない。ところが、計算の原則なんて、人間がどうにでも選べるのだから」。そして、懇親会の場で、それを率直に隣にいた研究者に話した。

そのとき隣に座っていた研究者が、量子暗号の発明者の一人、チャールズ・ベネットだった。彼の返事は、「計算の原則は、人間が勝手に選べるわけではないよ。計算機も物理法則にはしたがうのだから」。

後でも述べるが、計算機の一般的なモデルは、「０」または「１」の値をとる「ビット（bit）」という単位を元に組み立てられたものだった。

しかし、ドイチュは平行宇宙論の研究者だった。物理法則が計算の原則を決めるのであれば、「０」または「１」だけなどという古典力学的な考え方ではなく、「量子力学」によらなければならないと、直観的に見抜いた。そうして生み出されたのが、「量子コンピュータ」のアイデアだったのである。

ファインマンと量子コンピュータ

じつはこのころ、リチャード・P・ファインマン（1918

図4−2　ファインマン

〜1988、図4−2）も、別の観点から「量子コンピュータ」のアイデアを練っていた。ファインマンは、物理を志す人であれば誰もが知っている物理学者で、朝永振一郎といっしょにノーベル賞を受賞した。『ご冗談でしょう、ファインマンさん』というベストセラーでもおなじみかもしれない。

ファインマンはこう考えていた。「コンピュータはどこまで小さくできるのだろうか」。コンピュータの素子の大きさを、どんどん小さくしてゆくと、ついには原子の大きさに行き着くだろう。そうなった場合、第3章で見たように、コンピュータがしたがうべき物理法則は、もはや古典力学ではなく、量子力学になるはずだ。では、量子力学にしたがった場合、はたして計算機を作り上げることができるのだろうか？

ファインマンは、答えを見つけた。「Yes. 作ることができる」と。それが、彼の量子コンピュータだった。

1985年ごろに彼が行った講義をまとめた本、『Feynman Lectures on Computation』（計算に関するファインマン講義）には、1990年代中ごろに行われた、量子計算の基本ゲートの話や、量子計算の問題点、その克服方法などが議論されていて、非常に驚かされる。もちろん、その議論のベースには、先に紹介したベネットをはじめとする先駆者たちの業績があり、彼は著書でそのことに触れている。

ただ、『Feynman Lectures on Computation』から判断する限り、ファインマンにも一点気がつかなかった部分があったようだ。それは、「重ね合わせ状態を用いることで、莫大な並列計算が可能になる」ということだ。一方のドイチュは、もともと「平行宇宙論」の研究をしていたこともあり、はじめから「重ね合わせ状態の中で並列に動くコンピュータ」というイメージを強く持っていたようである。「重ね合わせをうまく使えば、きっと今の計算機など目じゃない高速なコンピュータができるに違いない」。その確信に基づいて、ドイチュはジョサとともに、量子計算がふつうの計算よりも速く計算できる問題があることを1992年についに発見する。

しばしば、量子コンピュータの発案者としてファインマンを挙げる場合もあるが、この本で取り上げる意味での「量子コンピュータ」の発案者を一人挙げるとするならば、この一点をもって、ドイチュだと思う。

重ね合わせ状態を用いた超並列処理

これらのエピソードを紹介したのは、「量子コンピュータ」とはコンピュータサイエンスの側から生まれたアイデアなのではなく、物理のサイドから「投げかけられ」たものだということを知ってほしかったからだ。「量子コンピュータとはなんぞや」ということを説明するのに、どうしても「量子力学」のエッセンスが必要になってしまったのである。

「ビットの代わりに、量子ビット（キュービットともいう）を使う」。ドイチュが提案した量子コンピュータが、現在のコンピュータと違うところは、この一点につきる。しかし、この一点がまったく桁違いの計算能力をコンピュータに与えることになった。

0または1のどちらかの値をとる「ビット」と異なり、量子ビットは0と1の重ね合わせ状態をとることができる。これは、第3章でも説明したように、単に0または1を確率的にとっている状態ではなく、その間にある確定した位相関係がある、不思議な状態だ。2つの状態を同時にとっている状態といってもよい。

後に詳しく説明するが、2個の量子ビットだと4つの状態、3個の量子ビットだと8つの状態と、重ね合わせにある状態の数は量子ビットの数に対して急速に増大する。量子ビットが40個なら、その状態数は1兆にも達する。もしこの重ね合わせ状態をフルに使うことができれば、数少ない量子ビットで、莫大な数の重ね合わせ状態を用いた並列処理が可能になる。

しかし、量子力学についてご存じの読者の中には、次のような疑問をお持ちの方もいるかもしれない。「たとえ重ね合わせ状態でさまざまな計算を行ったとしても、観測してしまうと、その莫大な計算のうちの1つがでたらめに得られるだけではないのか？」

たいへんすばらしい、的を射た疑問だ。じつは、量子コンピュータのアルゴリズム（量子アルゴリズム）では、重ね合わせ状態にある莫大な計算結果から、「特徴をうまく抽出する」処理により、目的の計算結果を高速に得ているのだ。これらが、量子コンピュータによる高速計算の秘密である。

しかし、このような量子コンピュータのしくみをよく理解するためには、どうしても、まずビットとはなにか、そして現在のコンピュータはどのように動いているのかを知る必要がある。

この章では、まず現在のコンピュータのしくみを、その後で量子コンピュータのしくみについての基本的な考え方を、段階を踏んで説明する。そして量子アルゴリズムについては、次の第５章で詳しく解説する。

4.2 現在のコンピュータのしくみ：ビットと論理回路

ビットとは？

ここでまず、「ビット」について少し説明しよう。ビット（bit）は、binary digit（２つの数字）を省略して作った造語で、コンピュータで用いられる計算の最小単位だ。１つのビットは、「０」または「１」の値をとる。今の計算機は、たくさん並べられた「ビット」を、さまざまに操作することで計算を行っている。

０または１の値しかとらない「ビット」が、計算の単位として広く用いられているのには理由がある。

それは、区別がしやすいことだ。「０」か「１」であれば、なにかが「あるか」「ないか」で容易に区別できる。例えば、パソコンなどでは、この「０」と「１」は電気信号の電圧に対応している。信号線の電圧が５ボルトのときは「１」、０ボルトのときは「０」という具合だ。

しかし、実際には雑音信号が混じったりして、信号線の電圧は3.8ボルトや0.5ボルトになる場合がある。そのため実際には、例えば、2ボルトより高ければ「1」、1ボルトより低ければ「0」というように決めておく(この場合、1ボルトと2ボルトの間では動作が保証されず、素子によってはでたらめな動作をする)。こうすれば、少々の雑音が混じったとしても、信号の持つ情報は変化しないことになる。

2進法とビット

「ビット」は「0」と「1」の値しかとらないが、複数のビットを並べることで、いろいろな数字を表現できる。例として、0、1、2、3の4つの数字について見てみよう。0を「00」に、1を「01」に、2を「10」に、3を「11」に対応させることで、「0」と「1」だけで4つの数を表すことができてしまう。

今紹介したような数の表し方は、「2進法」とよばれる。同様にしてビットの数を増やしていけば、どんな整数でも2進法を用いてビットの列で表すことができる(図4−3)。

また、「123.4」というような小数(有理数)に対しても、うまく工夫すれば2進法で表現が可能だ。具体的には、次のようにする。まず、その数字を、整数部分が1桁になるような数と10の累乗の積(この場合1.234×10^2)で表す。このような表し方を指数表現とよび、小数点を取り去った数(1234)を仮数、累乗の右肩の数(2)を指数とよぶ。そして、それぞれを2進法で表せばよい。例えば、

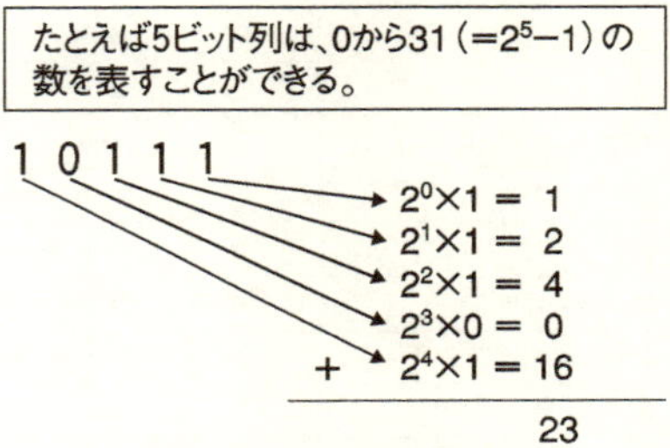

図4−3　2進数

２進数を10進数（ふだん用いられている数）に直すには、上記のように、n 桁目のビット値が１の場合、2^{n-1}を次々に加えてゆけばよい。10進数を２進数に直す場合には、まず2^n（もとの数を超えない最大の数）で割り、次に2^{n-1}、2^{n-2}と、大きい順から割ってゆき、商を順に並べればよい。

仮数部に12ビット、指数部に４ビットを割り当てて123.4を表す場合、仮数部は［010011010010］、指数部は［0010］となり、それらを順に並べた［0100110100100010］が123.4を表すことになる。

それに対して、０から９までの10個の数字による、ふだん使っている数の表記方法を10進法と呼ぶ。この２つが混在すると「10」が10進法における10を意味するのか、２進法で表記された２という値なのか、すこぶる紛らわしい。以降は、先ほど行ったように、２進法表記の場合は［10］と、括弧を使って表記する。

モールス符号とデジタルカメラ

ビットで表せるのは、なにも数字に限らない。文字や記号にそれぞれ特定の「ビット列」を割り当てることで、文

A	・－	R	・－・
B	－・・・	S	・・・
C	－・－・	T	－
D	－・・	U	・・－
E	・	V	・・・－
F	・・－・	W	・－－
G	－－・	X	－・・－
H	・・・・	Y	－・－－
I	・・	Z	－－・・
J	・－－－	,	－－・・－－
K	－・－	.	・－・－・－
L	・－・・	?	・・－－・・
M	－－	!	－・・・－・－
N	－・	(	－・－－・
O	－－－	)	－・－－・－
P	・－－・		
Q	－－・－		

図4－4　モールス符号

章もビットの列で表すことが可能だ。

ところで、みなさんはモールス符号というのをご存じだろうか。私が高校生のころには一時期アマチュア無線の資格を取るのがはやり、そのころは授業中にあちこちで、鉛筆を使った「トン・ツー・ツー・トン」という音のやりとりが見られた。

モールス符号では、点（トン）と棒線（ツー）の2つを使って、アルファベットや数字を表すことができる。その対応表が、図4－4だ。この点を［1］、棒線を［0］と対応させれば、まったく同じようにして、ビットの列で文字や文章を表せることがわかるだろう。

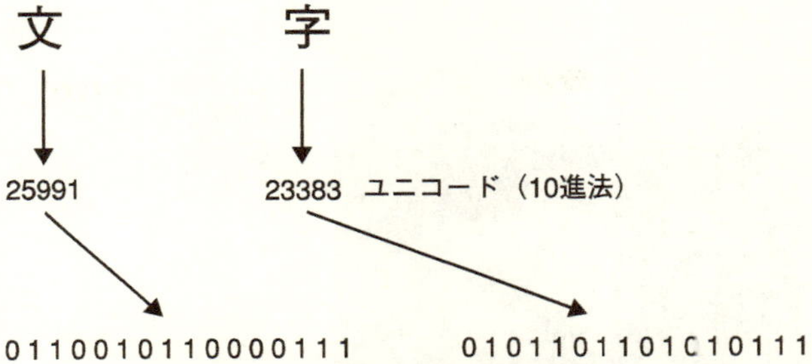

図4－5　「文字」もビットで表される

コンピュータ上に表示される文字・記号のすべてには、ユニコードと呼ばれる数字が割り振られている。数字はコンピュータの中ではビット列で表現されるので、つまるところ文字や文章もビット列で表すことができる。

実際のコンピュータでは、このモールス符号に相当するものとして、アスキーコードとよばれるものや、それを拡張したユニコードとよばれる符号が用いられている。図4－5は、「文字」という文字が、ユニコードによって、合計32個のビット列で表されることを示している。

写真や図も、ビット列で表すことができる。次ページの図4－6には、アインシュタインの写真がどのようにビット列で表されているかを示した。写真の目の部分を拡大してみると、図4－6（b）のように、黒から白までの明暗を持つ小さな長方形の集まりになっていることがわかる。この小さな長方形をピクセル（画素）とよぶ。この写真では、それぞれのピクセルは、黒（＝0）から白（=15）まで16段階に分かれている（図4－6（c））。つまり、この写真のデータは、左上隅のピクセルから右下隅のピクセルまで、ピクセルの色に対応した0から15までの値の（4ビットか

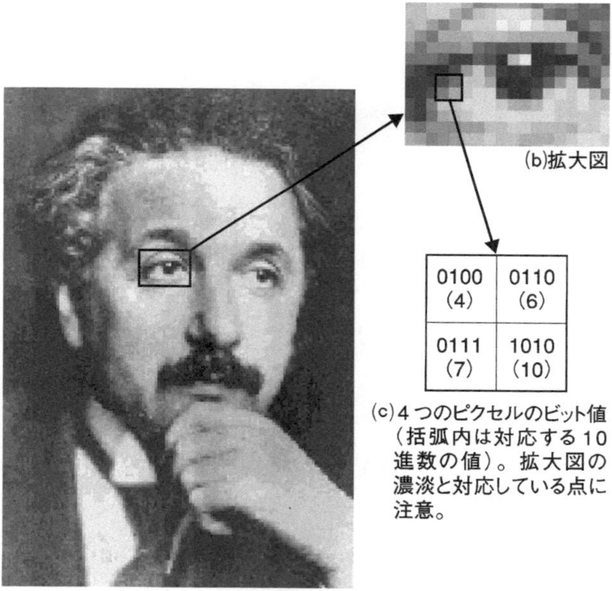

(b)拡大図

(c)４つのピクセルのビット値（括弧内は対応する10進数の値）。拡大図の濃淡と対応している点に注意。

(a)写真

図4−6　ビットで表される写真

(a)の目の部分を拡大したもの(b)を見ると、明暗の異なる１つ１つの画素からできていることがよくわかる。この写真では、黒(0)から白(15)までを16の段階で表示している。つまり、１つのピクセル（１画素）は４ビットで表現されている。

らなる）ビット列が並んだものになっている。

よく「１メガピクセル」といった言葉を耳にすることがあるだろう。これは、１メガ＝100万なので、100万個のピクセルで写真が表されていることを意味する。それぞれのピクセル（画素）では、色の３原色（赤、青、緑）のそれぞれの「強さ」がビット列で表されている。例えば８個のビットからなるビット列が用いられる場合、色の強さは0から255までの値で与えられる。そのビット列が100万個そろえば、みなさんがふだん見慣れているデジカメの写真になるというわけだ。

ビットと演算

コンピュータが行っているのは、たくさん並べられた「ビット」を、さまざまに操作していくことにほかならない。みなさんが使っているメールやワープロのソフトの裏側でも、実際には、「文章」や「写真」に対応する「ビット列」が、加工・処理されることで、別の「文章」や「写真」へと変化しているわけだ。それらのビット処理の一部として、「１＋１＝２」といった数学的な計算がある。それらのコンピュータのさまざまな動作をひとくくりに、「演算」と呼ぼう。

では、コンピュータは演算の際、どのようにビット列を操作するのだろうか。

「足し算」を例としてもう少し説明しよう。

コンピュータの構成

この演算には、コンピュータに次の３つの要素が必要になる（次ページ・図4−7）。まず、ビットを読み込んだり、書き込んだりの動作をする「処理装置」だ。これは、計算機の頭脳に相当する。次が「レジスタ」で、これは処理装置がいったん内容を保存するために使うメモ帳のようなものである。最後が「メモリ」。ここは、データを２進数の形で蓄えておくところだ。例えば、「１＋１＝２」とい

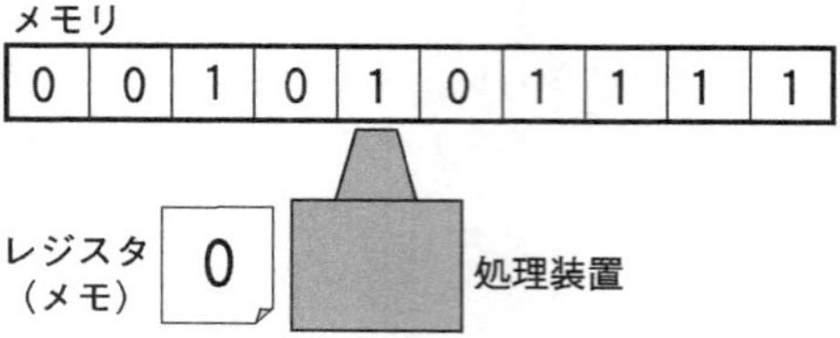

図4－7　コンピュータの３つの要素

う計算を行う場合、２つの入力値１は、あらかじめメモリにビット値［1］として書き込まれている。またその結果である２（[10]）も、メモリに書き込まれることになる。

ちなみに、図4－7のようなモデルは、発明者の名前からチューリング機械とよばれている。

２倍する具体的な手順

ここでは、足し算のもっとも簡単な例として、２つの１ビットの値どうしの足し算を考えよう（図4－8）。

最初、入力値はメモリの１番目と２番目のビットに入力されている。また結果は、メモリの３番目に下位ビットが、４番目に上位ビットが出力されるものとする。最初、３番目と４番目のビットは［0］にセットされている。このとき、手順は次のようになる。

ステップ１　「処理装置」が、「メモリ」の第１ビットの内容を「レジスタ」ビットに読み込む。

ステップ２　「処理装置」が、「メモリ」の第２ビットと、「レジスタ」ビットの内容を比較する。その２つの値が異なればレジスタビットの値は［1］に、等しければ

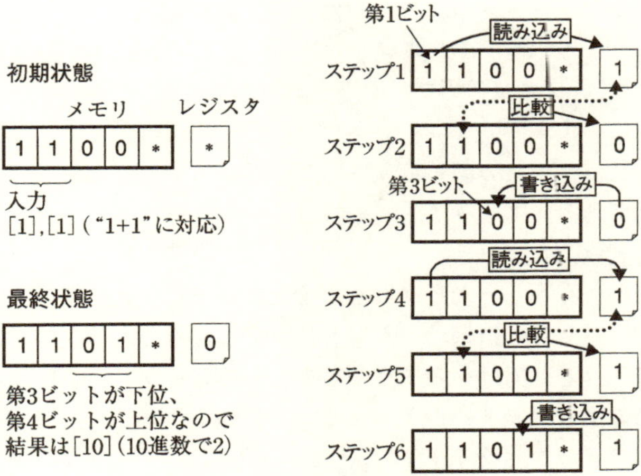

図4－8　１ビットどうしの足し算の手順

１＋１の場合について示した。この一連の手順によって、どのような２つの１ビットの数に対しても足し算が可能。ステップ２では、メモリの第２ビットとレジスタとの排他的論理和（98ページ・図4－11参照）の結果が、ステップ５ではアンド（97ページ・図4－10参照）の結果がレジスタに書き込まれる。

［０］にセットされる。

ステップ３　「処理装置」が、「レジスタ」ビットの内容を、「メモリ」の第３ビットに書き込む。

ステップ４　「処理装置」が、「メモリ」の第１ビットの内容を「レジスタ」ビットに読み込む。

ステップ５　「処理装置」が、「メモリ」の第２ビットと、「レジスタ」ビットの内容を比較する。その２つの値が両方とも［１］のときだけ「レジスタ」ビットの値は［１］に、一方もしくは両方が［０］の場合は「レジスタ」ビットの値は［0］にセットされる。

ステップ6　「処理装置」が、「レジスタ」ビットの内容を、「メモリ」の第4ビットに書き込む。

これが、2つの1ビットの数を足し算するための計算手順である。ステップ1で一方のビット値をレジスタビットに読み込んでおき、ステップ2ではその読み込んでおいた値と、もう一方のビット値を桁上がりなしで足し算している。足し算の結果はレジスタビットに書き込まれるので、ステップ3ではその値を、メモリの第3ビット、つまり結果の下位ビットに書き込んでいる。

ステップ4と5は、ステップ1と2と同様の操作で、「桁上がり」の必要性を判定している。もし、入力されたビットが両方とも［1］であった場合には、桁上がりが生じる。この操作の後では、桁上がりがあるかどうか（あれば［1］）を判定し、レジスタビットに書き込む。その結果をステップ6で、メモリの第4ビット、つまり結果の上位ビットに書き込んでいる。

以上が、この手順で「足し算ができる」理由だ。さらに大きな数どうしの足し算をするのであれば、桁上がりの処理に注意しながら、ステップ1から6を、その入力数値の各ビットどうしに対してくり返せばよい。

これらすべてのステップにおいて、実際になにか作業を行っているのは「処理装置」だ。その作業は、「メモリの特定のビットの内容を、レジスタに読み込む」、「レジスタの内容を、メモリの特定のビットに書き込む」、あるいは「レジスタの内容をメモリの特定のビットと同じかどうか判定する」ということである。一般に処理装置はこれらの作業のほかに、「ある特定の値をメモリの特定のビットまたはレジスタに書き込む」、「レジスタの内容を反転する」などが可能だ。いずれにしても、１つ１つの動作は非常に単純である。

驚くかもしれないが、ペンティアムプロセッサなど、最先端のコンピュータもこの単純なしくみをもとに動作している。もちろん、いくつか改良点はある。例えば、さすがに１ビットずつの処理では手間がかかるので、１度に32ビットのデータを処理している。また、メモ帳である「レジスタ」をいくつか持っていたり、簡単な計算は、専用の電子回路ですませている（回路についてはすぐ後で説明する）。しかし、その基本的な原理は、まったく変わらない。

ここで、少しまとめておこう。現在の計算機は、その基本単位として０または１いずれかの値をとる「ビット」を用いている。コンピュータの行う「演算」とは、そのビット列を別のビット列に、ある規則にしたがって変換する行為である。

プログラム言語

ところで、パソコンで「プログラミング」を経験している方は、ここで述べた「演算」手順にちょっと違和感を覚えるかもしれない。ふつうパソコンのプログラミングには、「C++（シープラスプラス）」や「BASIC」などのいわゆる高級言語が使われている。これらの言語を使うと、ヒトに理解しやすい形で、演算の手順を記述することができる。そのような言語によって記述された演算手順のことをプログラムと呼び、例えば「BASICで書かれた数値計算のプログラム」と言ったりする。

ただし、パソコンの演算処理装置は、そのプログラムで直接動いているわけではない。高級言語で書かれたプログラムが、一度、先ほど述べたのと同じような変換規則（低級言語、アセンブラ）に、そして究極的にはそれぞれの命令に対応したビット列に変換され、そのビット列にしたがって処理装置は動いているのだ。

論理ゲート

次に演算の過程を記述する方法として、論理回路という考え方を紹介しよう。

論理回路は、いくつかの論理ゲートとよばれる部品で構成される。論理ゲートは、与えられたビットの値に対して、ある一定のルールにしたがった値のビットを出力する。以降、この章では論理ゲートのことを略してゲートとよぶ。

与えられたビットを反転して出力するノット（NOT）ゲートは、もっとも単純なゲートの１つだ（図4−9）。これは、入力ビットの値が［0］であれば［1］を出力し、逆に入力ビットの値が［1］であれば［0］を出力する。このようすを表に示すと、図4−9（b）のようになる。このように入力と出力の対応関係を示した表は、真理値表とよばれる。入力と出力の対応関係が一目瞭然で便利なため、よく用いられる。

アンド（AND）ゲートは、入力ビットが２つ、出力ビ

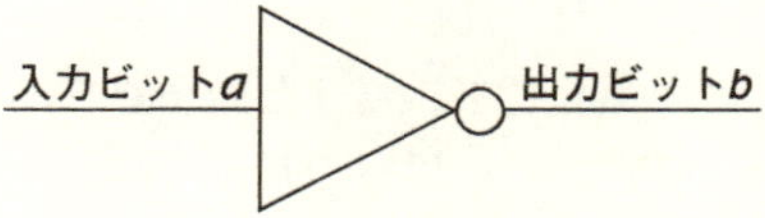

(a)

a	b
0	1
1	0

(b)

図4−9 ノットゲート

(a) ノットゲートを表す記号。(b) 真理値表。入力ビット a が［0］なら出力ビット b は［1］に、a が［1］なら出力は［0］になることを示す。

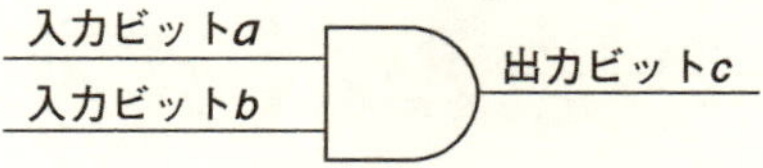

a	b	c
0	0	0
0	1	0
1	0	0
1	1	1

図4−10 アンドゲートを表す記号とその真理値表

ットが１つのゲートだ（前ページ・図4−10)。２つの入力ビットの値が両方とも［１］だった場合だけ、出力ビットの値が［１］になり、それ以外の時は［０］になる。英語で「A and B」が、「AもBも」を意味することからこのような名前になっている。

ビット列から別のビット列への任意の変換（関数）を表す論理回路は、ノットゲートとアンドゲートの２種類だけで実現できることが知られている。言い換えれば、どんな回路を組む場合も、ノットゲートとアンドゲートさえあれば事足りる。このような、「どのような論理回路もこれさえあれば十分」というゲートのことを「万能ゲート（の組)」とよぶ。

ただ、この２種類のゲートだけで論理回路を記述するの

a	*b*	*c*
0	0	0
0	1	1
1	0	1
1	1	0

図4−11　排他的論理和（XOR）ゲートを表す記号とその真理値表

は、面倒なうえに理解しにくいので、ほかにもさまざまなゲートが使われている。図4－11に示したのはその１つで、排他的論理和（XOR）とよばれるゲートだ。入力のビット値の双方が同じ値のときには［０］を、異なる際には［１］を出力する。

ここでは省略するが、当然、排他的論理和ゲートもアンドゲートとノットゲートを組み合わせて書き直すことができる。

論理回路の例

図4－12は、２つのビットの値を足し算する回路だ。左側が入力、右側が出力を表している。ビットa_0、ビットb_0は入力される２つのビットである。またビットc_0とc_1は、最初は両方とも値［０］がセットされ、２つのビットの足し合わされた結果の下位ビットがc_0に、上位ビットがc_1に出力される。例えば、a_0とb_0が両方とも［１］の場合は、結果はc_0=［０］、c_1=［１］となる。

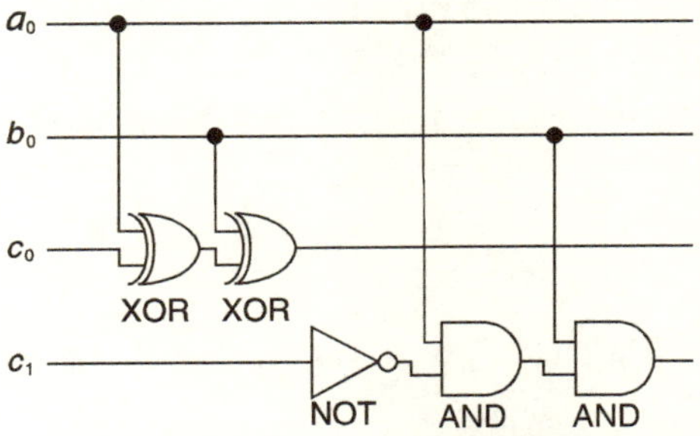

図4－12　１ビット足し算論理回路

図4−13　論理IC（集積回路）
通称ゲジゲジ。

ここで、チューリング機械と、論理回路の計算手順の関係についてすこし注目してみる。図4−8と図4−12を見比べてほしい。チューリング機械の計算手順の方は上から下に、論理回路では左から右に流れている。その点に注意しながら、具体的に手順を比べてみよう。

図4−8のステップ1から3で、チューリング機械はレジスタを活用しながら、第1ビットと第2ビットの比較（論理和）の結果を第3ビットに書き込んだ。

それに対して、図4−12の論理回路でも、最初に現れる2つの排他的論理和ゲートによって、a_0ビットとb_0ビットの比較（論理和）の結果がc_0ビットの値になる。その際に、c_0ビット自体が、チューリング機械のレジスタビットのような一時的な状態の保管場所として使われているが、行っていることは同じである。

同様に、図4−8のステップ4から6のチューリング機械の動作は、図4−12の回路の後半、c_1ビットに対するノットゲートならびに2つのアンドゲートの動作に対応している。

実際、東京では秋葉原、大阪では日本橋に行けば、こういう基本ゲートが組み込まれた、ICとよばれる集積回路を買うことができる（図4−13）。ICはよくゲジゲジにたとえられるが、その「足」の一本一本が、ゲートの入力、出力、そして電源に割り当てられている。その足と足を論理回路どおりにつないだものは、デジタル電子回路とよばれる。図4－12の論理回路中で用いられているゲートに対応したICを購入し、デジタル電子回路を組み立てることで、実際にビット間の足し算をすることができる。

4.3 量子ビットと量子コンピュータ

量子ビット

さて、いよいよ量子コンピュータのしくみの説明へと進むことにしよう。まずは、ドイチュが導入した「量子ビット」について説明する。量子ビットの特徴は、［0］と［1］の2つの状態だけでなく、その間の「重ね合わせ状態」をとるところにある。

［0］と［1］の重ね合わせ状態とは、いったいどういうことだろう。これは、［0］と［1］の中間の状態（例えば0.5）や、サイコロの目の偶奇のように、確率的に［0］または［1］の状態にある、というのとは異なるので注意してほしい（次ページ・図4－14）。

第3章で、干渉計に光子を入射した場合を思い出そう。その実験結果を説明するには、「確率波」という考え方が必要になった。それは、上側の経路、下側の経路のそれぞれに、経路の長さの差によってできる位相差をもって同時に存在し、光子の存在確率がその振幅の2乗で与えられるようなある種の「波」である。重ね合わせ状態とは、光子

図4−14　量子ビットでないもの

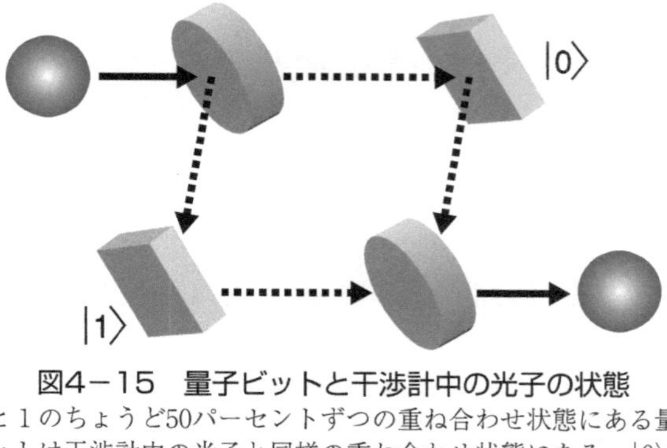

図4−15　量子ビットと干渉計中の光子の状態

0と1のちょうど50パーセントずつの重ね合わせ状態にある量子ビットは干渉計中の光子と同様の重ね合わせ状態にある。|0〉や|1〉は量子力学的な状態を表す記号。

の確率波が、ある位相差を保ちながら、干渉計の両方の経路を同時にたどっているような状態だ（図4－15）。

量子ビットとは、［０］あるいは［１］の２つの状態をとる確率波のことである。そして、光子の重ね合わせ状態では、２つの経路をたどる状態間の位相差が重要だった。同様に、量子ビットの状態を知るには、［０］である確率や［１］である確率に関する情報だけでなく、もう１つ位相という情報が必要になる。

３次元で表される量子ビット

「［０］と［１］それぞれの重み（確率）」と「位相」の両方の要素について、量子ビットの状態を一目でわかるようにしたのが次ページの図4－16だ。この図示の方法では、量子ビットの状態は球面上の１点として表される。

地球儀の上の１点を表す際には、緯度と経度を使う。例えば、札幌は東経141度、北緯43度といった具合だ。この緯度、経度を使って、量子ビットの表し方を説明してみよう。

まず、緯度は、［０］と［１］、どちらに重みがかかった重ね合わせかを表している。例えば、［０］の状態の量子ビットは、球の一番上の点、つまり北緯90度の北極に対応する。一方、［１］の状態の量子ビットは、球の一番下の点、つまり南緯90度の南極に対応している。そして、赤道上の１点は、ちょうど［０］と［１］が同じ割合だけ重なり合ったような状態の量子ビットに対応する。つまり、その量子ビットを観測すると、［０］または［１］が検出される確率はそれぞれ50パーセントだ。

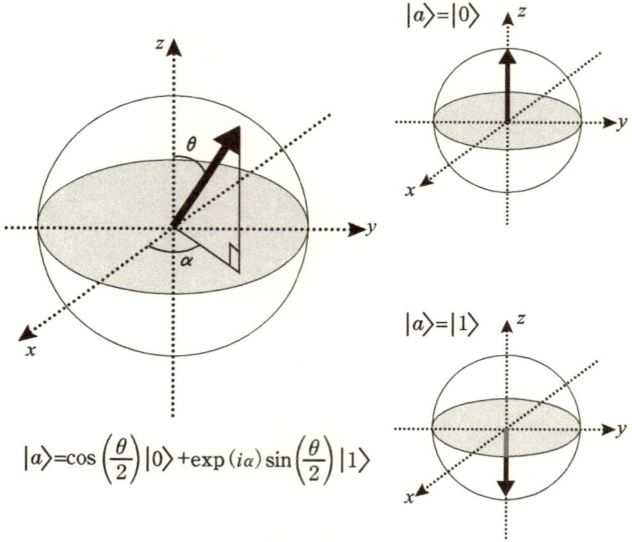

$$|a\rangle=\cos\left(\frac{\theta}{2}\right)|0\rangle+\exp(i\alpha)\sin\left(\frac{\theta}{2}\right)|1\rangle$$

図4−16　量子ビット

左図のように示される状態は、その下の式で表されるような量子ビットに対応している。これらの量子ビットを観測した場合、$|0\rangle$または$|1\rangle$で検出される確率は、それぞれの係数を２乗したもので与えられる。

もちろん、［０］と［１］の重みはいつも同じとは限らない。例えば、北緯45度のある地点は、［０］の確率が85パーセント、［１］の確率が15パーセントの状態に対応している。さらに北極に近づけば、［０］の確率がさらに高くなる。逆に南極に近づけば、［１］の確率が増すことになる。もちろん、［０］と［１］の確率を足すと１になっている。

では次に、経度を説明しよう。経度の違いは、重ね合わ

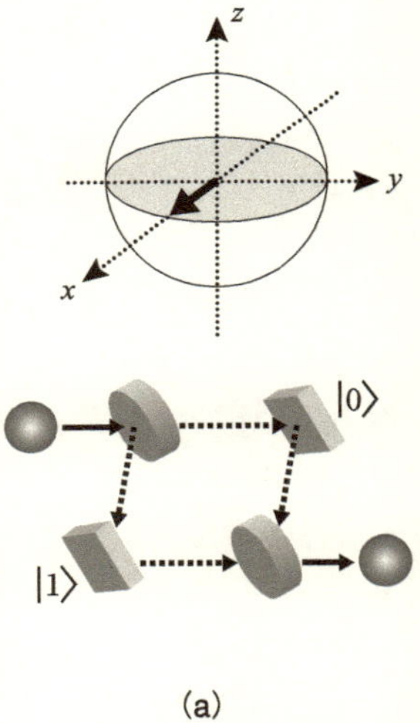

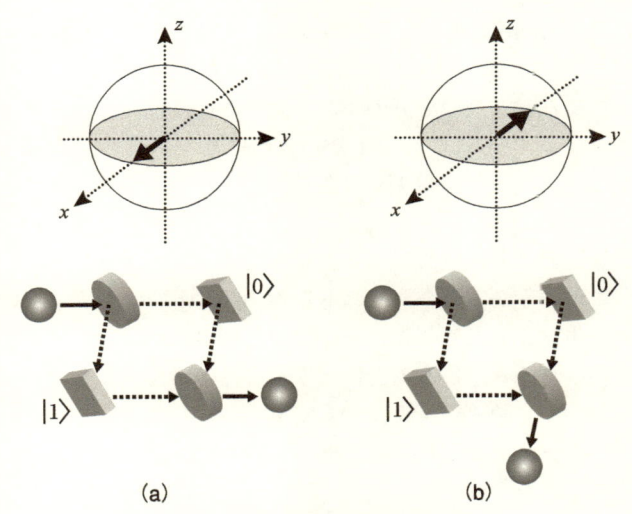

図4－17　量子ビットと位相

これら2つの量子ビットは、観測すると0と1が同じ確率で検出されるが、位相が異なっている。その状態は、それぞれの下に示した干渉計中の光子の状態に対応している。

せ状態の「位相」の違いに対応している。例として、赤道上の点について考えてみよう。先ほど説明したように、それらの点に対応する状態はすべて、［0］と［1］が同じ割合で重なり合っているが、互いに位相が異なる。

x 軸上で手前の点は、干渉計に対応させて考えると、経路長が互いに等しいような重ね合わせ状態に相当する（図4－17（a））。また、奥側の点（図4－17（b））は、干渉計でいえば、経路の差が波長のちょうど半分である場合の重ね合わせ状態に対応している。

一般的な言い方をすると、手前の点は状態［0］と状態

［1］の位相差が0、奥側の点は、半波長分だけ位相がずれた状態である。

同様に、波長の4分の1だけ異なる場合は赤道上右側の点（y軸の正側）に、4分の3だけ異なる場合は赤道上左側の点（y軸の負側）に対応するという具合だ。

量子ビットの数式による表記方法

このような重ね合わせにある量子ビットを、数式を用いて表す場合もある。この表記法は理解の助けにはなるが、この本を読み進める場合にどうしても必要というわけではないので、数式が苦手な方も安心してほしい。

この方法では、0の状態を$|0\rangle$、1の状態を$|1\rangle$で表し、その重みをそれぞれの状態の前につける係数で表すのだ。$|\rangle$は「ケット」とよばれ、量子力学的な状態であることを表す記号だ。

古典的なビットと区別するために、今後は量子ビットの状態は$|0\rangle$や$|1\rangle$といったケットを用いて表すことにする。

簡単な例から始めよう。量子ビット$|a\rangle$が状態$|0\rangle$にある場合、

$$|a\rangle = |0\rangle$$

という数式で表される。もちろん、状態$|1\rangle$にあれば

$$|a\rangle = |1\rangle$$

だ。では図4－17のような、重ね合わせ状態にある量子ビ

ットはどう表せばよいだろう。少なくともこれら２つの状態を区別して表す必要がある。答えを示すと、図4－17（a）の状態は、

$$|a\rangle = \frac{1}{\sqrt{2}}|0\rangle + \frac{1}{\sqrt{2}}|1\rangle \qquad (1)$$

と表される。この数式は、量子ビットが$|0\rangle$と$|1\rangle$の等しい割合の重ね合わせ状態にあり、位相差がない状態を表している。言うまでもないかもしれないが、$|0\rangle$や$|1\rangle$は、この数式においては数字としての意味をまったく持っておらず、例えば０＋１といった数式とはまったく異なるので注意してほしい。

係数として$1/\sqrt{2}$がついているが、これが$|0\rangle$と$|1\rangle$の重みづけを表す。この係数を２乗したもの（この場合1/2）が、量子ビット$|a\rangle$を観測した際に、$|0\rangle$あるいは$|1\rangle$の状態で検出される確率を表している。

先ほどの、３次元で図示する方法で、緯度で表されていた「重み」は、ここでは$|0\rangle$と$|1\rangle$にかかる係数の大きさとして表されていることがわかる。

では、量子ビットを３次元で図示した場合に経度として表されていた「位相」は、どのように表されるのだろうか。例として図4－17（b）の状態を考えよう。これも答えから示せば、

$$|a\rangle = \frac{1}{\sqrt{2}}|0\rangle + (-1)\frac{1}{\sqrt{2}}|1\rangle \qquad (2)$$

となる。状態$|1\rangle$の係数に、負の符号を持つ－1がかかっ

ている。

先ほどの（1）式においても、状態$|1\rangle$の係数に正の符号を持つ$+1$がかかっていたのが、省略されていたと考えてほしい。このように、位相の違いは$|1\rangle$にかかる正負の符号として取り込むことができる。

また、（2）式の状態は略して

$$|a\rangle = \frac{1}{\sqrt{2}}|0\rangle - \frac{1}{\sqrt{2}}|1\rangle \qquad (3)$$

とも表される。

量子ビットを図示する方法を説明した際、波長の４分の１だけ異なる場合は、赤道上右側の点に、４分の３だけ異なる場合は赤道上左側の点に対応すると述べた。そのような状態は、式でどのように表せるのだろうか。じつは、（1）式や（2）式の$|1\rangle$にかかっている「+1」、「−1」の代わりに、大きさが１の複素数を係数にかけて表すことができる。具体的には、虚数単位をiとして、波長が４分の１だけ異なる場合にはiが、４分の３異なる場合は$-i$がかかる。一般の位相差に対しては、αを位相差として、$\exp(i\alpha)$を「符号」として係数にかけることで、どのような量子ビットの位相の状態も表すことができる。

また、ある２つの量子ビットを比べた時、それぞれの$|0\rangle$状態と$|1\rangle$状態にかかっている係数と、それらの状態の間の「位相差」が同じであれば、２つの量子ビットは「同じ状態」を表していると考える。

つまり、例えば、

$$|a\rangle = -\frac{1}{\sqrt{2}}|0\rangle + \frac{1}{\sqrt{2}}|1\rangle \qquad (4)$$

という状態は、

$$|a\rangle = -\left(\frac{1}{\sqrt{2}}|0\rangle - \frac{1}{\sqrt{2}}|1\rangle\right) \qquad (5)$$

と書き直せる。この式は、(3) 式の状態全体にマイナスがかかっているだけだ。つまり、状態$|0\rangle$、および$|1\rangle$にかかっている係数も、またそれらの位相差も (3) 式とまったく同じなので、(5) 式と (3) 式は同じ状態を表していることになる。

すこし説明が込み入ってしまったかもしれない。ただ、量子ビットの表記方法として、数式を用いる方法は便利であるため非常によく用いられるので、詳しく説明した。

この本を読むにあたっては、(1) 式や (3) 式の表記の意味を知っておくだけで十分だ。

量子コンピュータの構成

では、量子ビットをビットの代わりに用いた場合、コンピュータの構成要素はどのようになるのだろうか。

図4－7 (92ページ) の現在の計算機の構成をもう一度見てほしい。ここで、ビットが使われているのはメモリとレジスタだった。量子コンピュータの場合は、このメモリとレジスタが、量子ビットによって構成された量子メモリ、量子レジスタに代わる (次ページ・図4－18)。そして、この量子メモリ、量子レジスタが、量子計算の超並列性の鍵

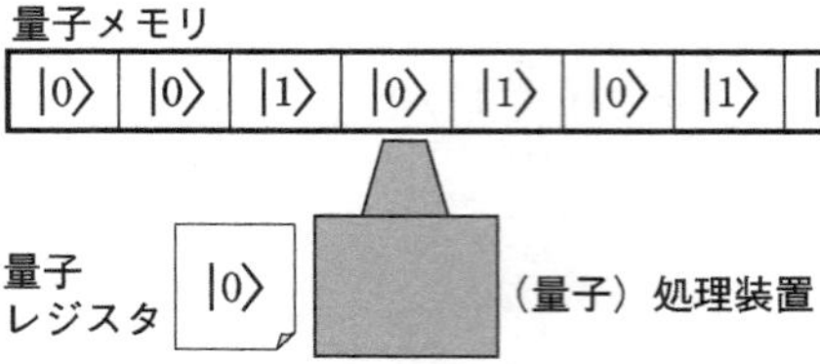

図4－18　量子コンピュータの3つの構成要素

を握っている。

例として、ビットが2つ並んだ「メモリ」について考えてみよう。その場合、メモリは［00］、［01］、［10］、［11］の4つの状態のうち、1つの定まった値をとるだろう。

ところが、量子ビットが2つ並んだ量子メモリの場合、$|00\rangle$、$|01\rangle$、$|10\rangle$、$|11\rangle$ の4つの状態のうち、どれか1つの定まった状態ではなく、4つの重ね合わせ状態になることができる。4つの状態のうちどれか1つではなく、すべてを同時にとることができるのだ。

図4－19を見てほしい。(a) は、先ほどの量子ビット表記方法で説明したように、$|0\rangle$ と $|1\rangle$ が同じ重みで重なった状態だ。数式での表現方法をちょっとまねて、「＋」で重ね合わせを表すと、右辺のようになる。

(b) は、2つの量子ビットが、それぞれ $|0\rangle$ と $|1\rangle$ が同じ重みで重なった状態を表している。この場合、それぞれが $|0\rangle$ と $|1\rangle$ の重ね合わせになるので、結果として、$|00\rangle$、$|01\rangle$、$|10\rangle$、$|11\rangle$ の4つの状態の重ね合わせになっているのだ。

同様に、3つの量子ビットからなる量子メモリの場合には、8つの状態の重ね合わせをとることになる。さらに量

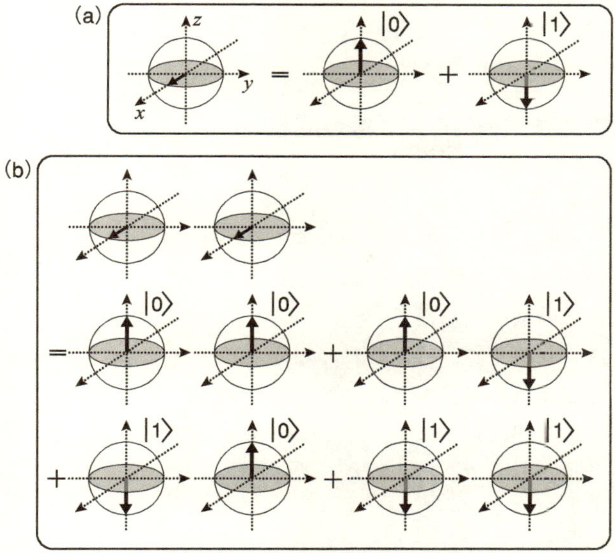

図4－19　重ね合わせ状態にある量子メモリ
それぞれの状態の重みづけを表す係数は省略している。

子ビットの数が増えれば、一度にとれる重ね合わせ状態の数は、爆発的に増える。わずか100個の量子ビットだけで、原理的には2^{100}、つまり、１兆の１兆倍のさらに100万倍の数だけの状態の「重ね合わせ」をとることができる。

次の節で見るように、量子コンピュータはそのような莫大な数の重ね合わせ状態を利用することで、大規模な並列計算を一度に行えるのである。

少数の量子ビットで莫大な数の状態の重ね合わせを実現できるところに、量子コンピュータの超高速性の秘密がある。

4.4 量子ゲートと量子論理回路

量子ゲート

古典計算では、演算の表し方の1つの方法として論理回路があった。論理回路の考え方を量子ビットに拡張したのが、量子論理回路だ。

古典回路では、それぞれのビットにゲートを作用させることで演算を実行した。

量子論理回路では、量子ビットに対して量子ゲートを作用させることで演算を行う。量子ゲートは、量子ビットを入出力に持つゲートだ。

量子ゲートとして重要なものが2つある。1つは、回転ゲートとよばれるものだ。これは、1つの量子ビットに対してだけ作用するゲートで、3次元で表された量子ビットを、ある与えられた角度だけ回転させる働きをする。もう1つは、制御ノットゲートとよばれるもので、2つの量子ビットに対して作用する。

4.2節で、ノットゲートとアンドゲートが万能ゲートの組になっていると述べた。つまり、この2種類のゲートさえあれば、任意の（古典）回路が構成できる。

じつは、回転ゲートと制御ノットゲートの2つは、量子回路における万能ゲートの組になっている。この2つさえ実現できれば、理論上はどんな量子回路も構成できるのだ。つまり、量子コンピュータを実現するには、この2つのゲートを実現すればよいことになる。

さっそく、これら2つのゲートについて詳しく見てみよう。

回転ゲート

回転ゲートは、量子ビットをある軸周りに一定の角度回転させるような操作に対応する（図4－20）。

まず、y 軸周りに180度回転させる場合について考えてみよう。この場合、元の量子ビットが状態 $|0\rangle$ にあれば出力の状態は $|1\rangle$ になる。また、元の量子ビットが状態 $|1\rangle$ であれば出力は状態 $|0\rangle$ になる。これは、古典ゲートの「ノットゲート」に相当する。このことからわかるように、回転ゲートは古典回路のノットゲートが量子ビット用に拡張されたような意味を持つ（角度180度をラジアンという別の単位で測ると π に相当するため、180度回転するゲートは π ゲートともよばれる）。

もう少し、この回転ゲートの働きについて調べてみよ

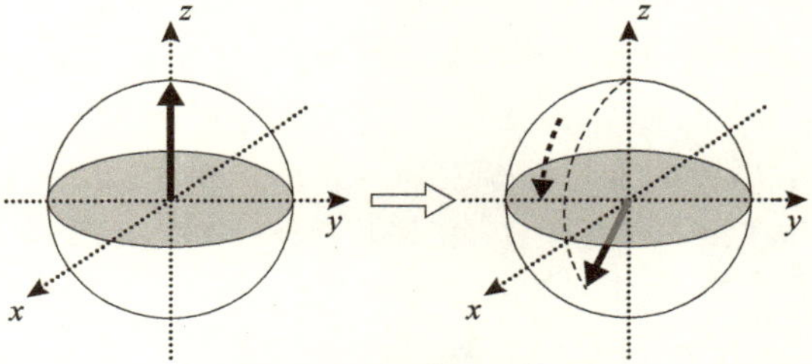

図4－20　回転ゲート

もともと $|0\rangle$ の状態（北極の向き）にある量子ビットに対して、y 軸周りに135度回転させる回転ゲートを作用させた場合を示した。

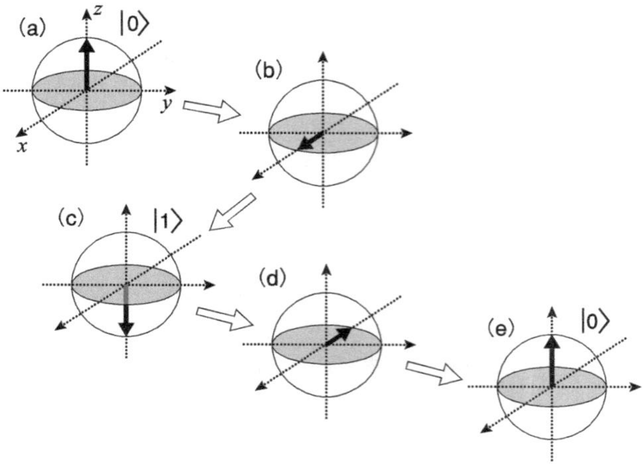

図4−21　90度回転ゲート

初期状態(a)に対して、y 軸周りに90度回転ゲートを作用させた場合の状態の変化を表した。4回作用させると、元の状態に戻る。

う。今度は、y 軸周りに90度だけ回転するようなゲート（90度回転ゲート）について考えてみる（図4−21）。

このゲートを、まず状態 $|0\rangle$ の量子ビットに作用させる。すると、初め北極を向いていた量子ビットが、x 軸方向を向くものに変化する（図4−21（b））。これは、$|0\rangle$ と $|1\rangle$ が同位相（位相差0）で同じ割合で重なった、重ね合わせ状態になっている。

次に、もう一度ゲートを作用させてみよう。すると、量子ビットは南極を向く、つまり $|1\rangle$ の状態になる（図4−21（c））。

図4−21（c）の状態にもう一度ゲートを作用させたの

が、図4－21（d）である。今度は、量子ビットは x 軸の逆方向を向く。これは、図4－17で説明したように、状態 $|0\rangle$ と状態 $|1\rangle$ が互いに逆位相（位相差 π）で重なった状態である。さらにもう一度ゲートを施すと、元の状態に戻る（図4－21（e））。

結局、$|0\rangle$ 状態に90度回転ゲートを２回作用させると $|1\rangle$ 状態へと変化する。また、逆に $|1\rangle$ 状態に90度回転ゲートを２回作用させると、$|0\rangle$ 状態へと変化する。このように、２度、90度回転ゲートを施すと、ノットゲートと同じような作用になる。

アダマールゲート

回転ゲートの一種で、量子回路中によく出てくるのが、アダマールゲート（図4－22）だ。これは、z 軸（南極と北極を結ぶ軸）と x 軸のちょうど中間の軸を中心に、量子ビットを180度回転させる操作に相当する。

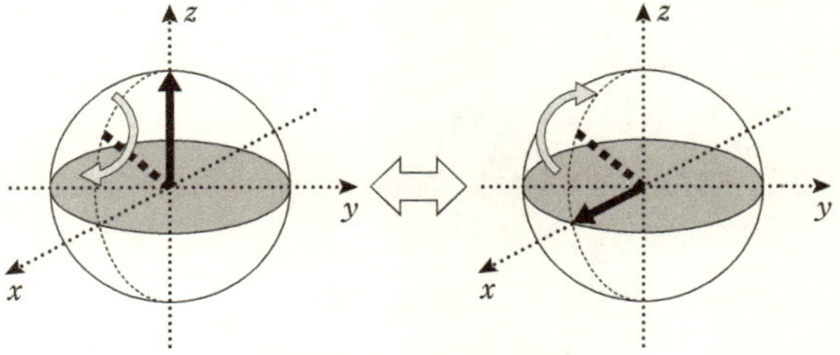

図4－22　アダマールゲート

z 軸から x 軸方向に45度傾いた軸周りに、180度回転させるゲート。状態 $|0\rangle$ に作用させると $|0\rangle$ と $|1\rangle$ の重ね合わせ状態に、再び作用させると元の状態 $|0\rangle$ に戻る。

このゲートを量子ビット$|0\rangle$に作用させると、$|0\rangle$と$|1\rangle$が同位相で等しく重なった、重ね合わせ状態に変化する。これは、90度回転ゲートの場合と同じだ。

では、もう一度同じ操作を行ってみよう。先ほどの90度回転ゲートの場合は状態$|1\rangle$へと変化したが、このアダマールゲートの場合、状態は$|0\rangle$へ戻る。

ちなみに、状態$|1\rangle$にアダマールゲートを作用させると、$|0\rangle$と$|1\rangle$が逆位相で等しく重なった状態に変化し、さらにもう一度ゲート操作を行うと$|1\rangle$へと戻る。

このゲートは第5章の量子アルゴリズムの説明で頻出するので、覚えておいてほしい。

制御ノットゲート

1つの量子ビットに対する回転ゲートだけでは、量子計算を行うことはできない。もう1つの重要なゲートが、「制御ノットゲート」とよばれるものだ。

このゲートは、2つの量子ビットの入力に対して2つの量子ビットを出力する（図4－23）。今、入力ビットのうち一方を「制御ビット」、他方を「信号ビット」とよぶことにしよう。このゲートの動作を一言で表すと、「制御ビットが1（オン）の時だけ、信号ビットを反転させる」。制御ビットで制御されたノットゲートという意味で、このゲートは制御ノットゲートとよばれる。

古典回路のときと同様に、真理値表を図4－23に示した。制御ビットが$|0\rangle$の時には、信号ビットの値は、$|0\rangle$は$|0\rangle$、$|1\rangle$は$|1\rangle$とまったく変化しないけれども、制御ビットが$|1\rangle$のときには、信号ビットの値が反転する。

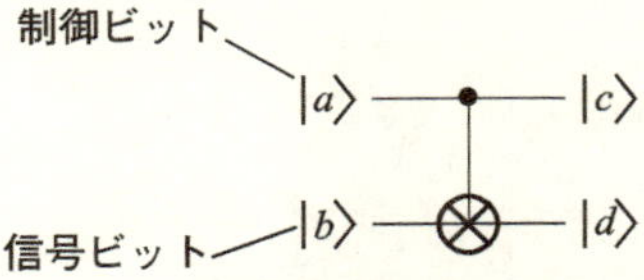

$\vert a\rangle$	$\vert b\rangle$	$\vert c\rangle$	$\vert d\rangle$
$\vert 0\rangle$	$\vert 0\rangle$	$\vert 0\rangle$	$\vert 0\rangle$
$\vert 0\rangle$	$\vert 1\rangle$	$\vert 0\rangle$	$\vert 1\rangle$
$\vert 1\rangle$	$\vert 0\rangle$	$\vert 1\rangle$	$\vert 1\rangle$
$\vert 1\rangle$	$\vert 1\rangle$	$\vert 1\rangle$	$\vert 0\rangle$

図4－23　制御ノットゲートとその真理値表

読者の中には、こう思われる方があるかもしれない。「こんな表の動作でよければ、さっき出てきた、排他的論理和ゲートを用いて簡単に実現できるじゃないか」と。鋭い意見である。たしかに、図4－11（98ページ）で説明した排他的論理和の真理値表の出力は、制御ノットゲートの「信号ビット」の出力と一見そっくりだ。制御ノットゲートの「制御ビット」の出力は、「制御ビット」の入力を何も手を加えずに使えばよい。そのようにして、古典的に「疑似制御ノットゲート」を実現できそうに見える。

では、そのような古典回路の疑似制御ノットゲートと、量子回路の「制御ノットゲート」はどこが違うのか？　制御ノットゲートは「$|0\rangle$と$|1\rangle$の重ね合わせ状態」を入力に（もちろん出力にも）とり得る点がまったく違うのである。

例として、制御ビットが$|0\rangle$と$|1\rangle$の重ね合わせ状態を

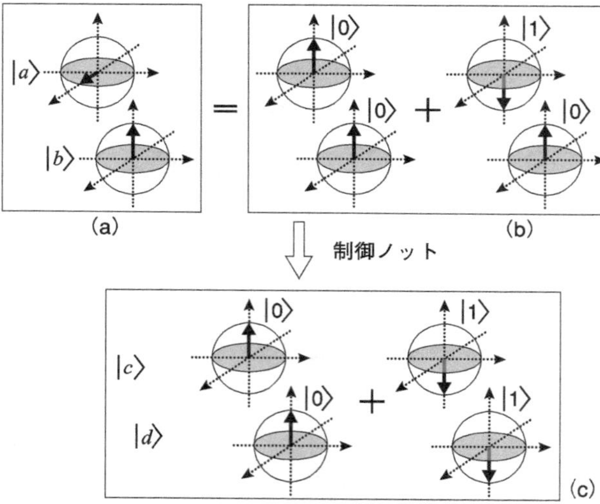

図4－24　制御ノットゲート操作

考えてみよう。簡単のために、信号ビットの入力が $|0\rangle$ の場合を考える。図4－24（a）が、この2つの入力ビットの状態を3次元表示したものだ。$|a\rangle$ が制御ビット、$|b\rangle$ が信号ビットだ。ここで、量子メモリの説明（111ページ・図4－19）を思い出してほしい。量子ビット $|a\rangle$ の状態は、$|0\rangle$ と $|1\rangle$ の位相差0の重ね合わせだから、入力量子ビット $|a\rangle$ と $|b\rangle$ は全体として、「両方とも $|0\rangle$」の状態と、「制御ビットが $|1\rangle$ で信号ビットが $|0\rangle$」の状態の重ね合わせに等しいことになる（図4－24（b））。

この状態に、制御ノットゲートが作用するとどうなるだろうか。制御ビットが $|0\rangle$ の場合は、信号ビットは、入力時の状態 $|0\rangle$ のままのはずだ。また、制御ビットが $|1\rangle$ の

時は、信号ビットは反転して$|1\rangle$になる。つまり出力は、「信号ビットも制御ビットも$|0\rangle$の状態」と、「信号ビットも制御ビットも$|1\rangle$の状態」の重ね合わせ状態（図4－24(c)）として出力されることになる。

このように、制御ノットゲートは、重ね合わせ状態にある２つの量子ビットを、別の重ね合わせ状態にある量子ビットへと変換することができるのだ。もちろん、図4－11で説明した現在のコンピュータ用の排他的論理和ゲートには、このような芸当は不可能だ。

量子もつれ合い

ところで、図4－24（c）をもう一度よく見てほしい。これまでにも、「複数の量子ビットの状態の重ね合わせ」は見てきた（図4－19（b）や図4－24（b））が、じつは、図4－24（c）の状態は、それらとは大きく異なっている。

図4－24（b）を見てほしい。この状態は、たしかに２つの状態の重ね合わせとして描かれているが、実際には、「１つの量子ビットが$|0\rangle$と$|1\rangle$の重ね合わせ、もう１つの量子ビットが$|0\rangle$の状態をそれぞれ独立にとっている（図4－24（a））」のと等しかった。

図4－19（b）の状態も同様だった。図4－19（b）の等号の右側のように記述すると、確かに４つの状態の重ね合わせのように見えるが、実際には、「２つの独立した量子ビットがそれぞれ$|0\rangle$と$|1\rangle$の重ね合わせ状態にある」だけだった。

しかし、図4－24（c）の状態は、もはや、重ね合わせ状態を「分解」して、「ある特定の状態をとっている１つ１

つの量子ビットの集合」としては、表すことができないのだ。この証明は簡単にできるが、数式が必要になるのでここでは省かせていただく。

「ある特定の状態をとっている１つ１つの量子ビットの集合」としては表せないということは、言い換えれば、「２つの量子ビットの状態を切り離して考えることはできない」ということである。このような状態を、「量子もつれ合い状態（Quantum Entangled State）」とよぶ（「量子絡み合い状態」や、英語の発音のまま「エンタングル状態」ともよばれる）。

量子もつれ合い状態は、量子コンピュータが巨大な計算空間を使うときに、必然的に現れる状態だ。また、ある特定の量子ビット列が「答え」として出力される際にも、この量子もつれ合いが重要な働きをする。

回転ゲートは、１つの量子ビットの状態をある状態から別の状態に変化させることしかできない。つまり、回転ゲートだけでは、どうがんばっても「量子もつれ合い状態」を作ることはできない。制御ノットゲートは、「量子もつれ合い状態」を作るためになくてはならない素子という見方もできる。

じつは、量子もつれ合いは、量子コンピュータにとどまらず、量子情報通信を含めた、「量子情報」という分野の中で非常に重要な概念でもある。

可逆と不可逆

ちょっとここで、わき道にそれるがおゆるし願いたい。ゲートの記号を、古典ゲート（98ページ・図4−11）と量子ゲート（117ページ・図4－23）とで見比べてほしい。古典ゲートでは、入力と出力の方向がゲートを見ただけでわかるのに対して、量子ゲートでは対称的になっていることに気づくだろう。

やや専門的になるが、じつは量子ゲートはすべて「反転可能ゲート」である。これは、「観測」を途中に含まない限り、量子力学が時間反転に対して対称であることに対応している。このようなゲートを、単に「可逆なゲート」とよぶこともある。

この可逆性は、じつは「計算をするとき、原理的にはどれくらいのエネルギーが必要になるのか」という、非常に深くて重要な問題と密接に絡んでいる。ただ、本書では量子コンピュータのしくみの理解に重点をおきたいので、省略させていただく。

足し算用の量子回路

ここで、簡単な量子回路の例として、「１＋１」の足し算を行う量子回路を示そう（図4－25）。もっとも単純なケ

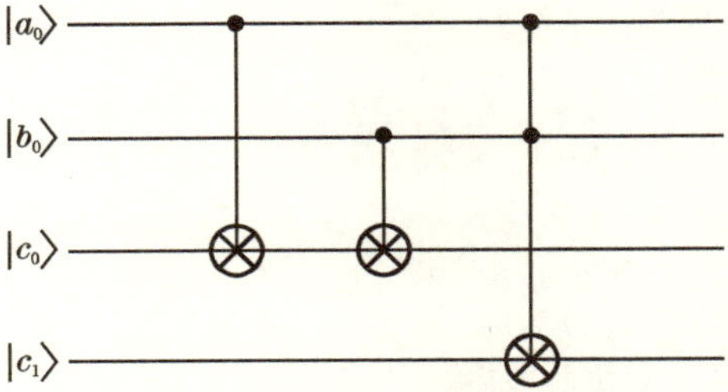

図4－25　足し算をする量子回路

ースとして、1ビットの2進数2つを足し合わせて、その結果を2ビットで出力する場合を考える。入力を表すのには、量子ビット$|a_0\rangle$と$|b_0\rangle$が用いられる。結果の上位ビットと下位ビットは、量子ビット$|c_1\rangle$と$|c_0\rangle$にそれぞれ出力される。また、この回路で足し算をする際には$|c_1\rangle$と$|c_0\rangle$の初期状態は$|0\rangle$にしておく。

回路中の一番右側のゲートは、2重制御ノットゲートとよばれ、2つの制御ビット（$|a_0\rangle$と$|b_0\rangle$）の値が両方$|1\rangle$のときだけ信号ビット（$|c_1\rangle$）を反転し、それ以外のときは信号ビットを変化させない。この2重制御ノットゲートは、いくつかの制御ノットゲートと回転ゲートを組み合わせて構成できる。

量子ビット$|a_0\rangle$と$|b_0\rangle$が、$|0\rangle$か$|1\rangle$のどちらかの状態しかとらず、重ね合わせ状態をとらない場合、この回路は図4－12（99ページ）の古典足し算回路とまったく同じように動作する。

「1＋1」の計算を行うためには、入力量子ビットとして$|a_0\rangle=|1\rangle$、$|b_0\rangle=|1\rangle$と設定すればよい。先ほど述べたように、$|c_1\rangle$と$|c_0\rangle$の初期状態は$|0\rangle$だ。この状態を、$|a_0, b_0, c_0, c_1\rangle$とそれぞれの量子ビットの状態を並べて表すと、

$$|a_0, b_0, c_0, c_1\rangle = |1,1,0,0\rangle$$

となる。

では出力はどうなるだろう。この回路では$|a_0\rangle$と$|b_0\rangle$の状態は全く変化しないようにできているので、それぞれ$|1\rangle$のままだ。一方、$|c_1\rangle$と$|c_0\rangle$は「1＋1」の結果であ

る2、2進数で表した［10］に対応して、それぞれ$|1\rangle$と$|0\rangle$に変化する。この4つの量子ビットの出力での状態を、先ほどと同じように並べて書くと、

$$|a_0, b_0, c_0, c_1\rangle = |1,1,0,1\rangle$$

となることがわかる。制御ノットゲートの変換規則（図4−23）と、前のページで述べた2重制御ノットゲートの変換規則を使って、このような状態に変化することを確かめてみてほしい。

しかし、「そんな計算は、量子回路でなくても、図4−12の古典回路でもできたじゃないか」とおっしゃる方もいるかもしれない。そのとおりである。ただ、量子コンピュータ、量子回路というからにはこれだけではない。すごいのは、この回路が、重ね合わせ状態の量子ビット$|a_0\rangle$と$|b_0\rangle$に対しても作用することだ。

例えば、量子ビット$|a_0\rangle$と$|b_0\rangle$として、$|0\rangle$と$|1\rangle$の重ね合わせ状態を入力したとしよう。$|a_0\rangle$と$|b_0\rangle$の2つの量子ビットは全体として、$|0\rangle|0\rangle$、$|0\rangle|1\rangle$、$|1\rangle|0\rangle$、$|1\rangle|1\rangle$の4通りの状態の重ね合わせになっている（図4−19(b)）。

この場合、量子足し算回路の出力はどうなるだろうか。ここで、制御ノットゲートに重ね合わせ状態を入力した場合（118ページ・図4−24）が参考になる。この時、入力は全体として、「制御ビット、信号ビットとも$|0\rangle$の状態（$|0\rangle|0\rangle$）」と「制御ビットが$|1\rangle$で、信号ビットが$|0\rangle$の状態（$|0\rangle|1\rangle$）」の2つの状態の重ね合わせになっていた。

その２つの状態が制御ノット操作によってそれぞれ$|0\rangle|0\rangle$（変化せず）と$|1\rangle|1\rangle$の状態へと変化し、最終的な出力はそれらの重ね合わせ状態になっていた。

この量子足し算回路の場合も同じようになる。先ほど見たように、入力は$|0\rangle|0\rangle$、$|0\rangle|1\rangle$、$|1\rangle|0\rangle$、$|1\rangle|1\rangle$の4通りの重ね合わせ状態になっている。これらはつまり、足し算回路にさせたい計算として、「０＋０」、「０＋１」、「１＋０」、「１＋１」を同時に入力した場合に相当する。そして、それぞれの状態の$|c_1\rangle$ $|c_0\rangle$（表記の都合で、図4－25と順序を逆にしたので注意）は、先ほどの「１＋１」の場合と同じように足し算回路によって、それぞれ$|0\rangle|0\rangle$、$|0\rangle|1\rangle$、$|0\rangle|1\rangle$、$|1\rangle|0\rangle$へと変化する。

つまり、最初全体として

$$|a_0, b_0, c_0, c_1\rangle = |0{,}0{,}0{,}0\rangle + |0{,}1{,}0{,}0\rangle + |1{,}0{,}0{,}0\rangle + |1{,}1{,}0{,}0\rangle$$

となっていた状態が、演算の結果

$$|a_0, b_0, c_0, c_1\rangle = |0{,}0{,}0{,}0\rangle + |0{,}1{,}1{,}0\rangle + |1{,}0{,}1{,}0\rangle + |1{,}1{,}0{,}1\rangle$$

となる。この重ね合わせの各状態は、「０＋０＝０」「０＋１＝１」「１＋０＝１」「１＋１＝２」の４つの計算に対応している。つまり、４つの足し算が並列的に同時に行われたことになるのだ。

この量子足し算回路は、入力は１ビット、つまり０か１のみしかとれなかったが、量子ビットの数を増やすことで簡単に拡張できる。入力のそれぞれの数に対して10個の量子ビットを用いれば、０から1023までの数どうしの足し算が可能になる。この場合、1024通りと1024通りの組み合わせで、あわせて100万通り以上の計算を、量子並列性によって一度に行えることになる。そして、一度に並列的に行われる計算の数は、入力に用いる量子ビットの数に対して、指数関数的に増やすことができるのだ。例えば、入力の２つの数それぞれを表す量子ビットの数が10から20に増えると、並列処理できる計算の数は100万通りから１兆通りへと増大する。

重ね合わせの計算結果を生かすには？

量子足し算回路の２つの入力にそれぞれ０と１の重ね合わせ状態を入力すると、「０＋０＝０」「０＋１＝１」「１＋０＝１」「１＋１＝２」の４つの計算結果の重ね合わせ状態へと変化する。しかし、この状態をそのまま観測しても、４つの答えを同時に得ることはできない。第３章で見たように、重ね合わせ状態には、観測するとそのうちのどれか１つの状態だけが得られるという性質があるからだ。

つまり、この計算結果を単に観測すると、あるときは「０＋０＝０」、またあるときは「０＋１＝１」という結果が、でたらめに得られるに過ぎない。いくら莫大な並列計算ができても、このようにその莫大な計算のうち１つの結果が確率的にしかわからないのであれば、あまり役に立ちそうにない。

もちろん、もし「１＋１」の結果だけを知りたいのであれば、量子足し算回路の入力ビットの$|a_0\rangle$と$|b_0\rangle$に、重ね合わせ状態ではなく、単純に両方$|1\rangle$を入力すればよい。

その場合の結果は$|a_0, b_0, c_0, c_1\rangle = |1, 1, 0, 1\rangle$となり、確定的に結果「２」が得られる。この意味で、量子コンピュータは現在のコンピュータの動作を完全にまねる（エミュレートする）ことが可能である。

ただ、今問題にしているのは、いったいどうやって「莫大な計算結果の重ね合わせ状態」を使い、高速計算を行うかということだ。

こういう問題が与えられたとしたらどうだろう。

「０から255までの数どうしを、(256通り×256通りで)65536通りのすべての組み合わせについて互いに足し合わせたとする。それらの結果に対して、『結果が奇数になる場合の数と、結果が偶数になる場合の数は等しくない』という命題と、『すべての結果が奇数あるいはすべての結果が偶数、ではない』という命題のうち、どちらが正しいか」(ちょっと奇妙な問題になっている理由は5.2節でわかります)。

この問題を解くもっとも単純なやり方は、65536通りについていちいち計算して、結果が奇数になった場合と偶数になった場合を数え上げていく方法だろう。

じつは、量子コンピュータを用いれば、この答えをごく少数回の計算で求められるのである。第５章で紹介する「ドイチュ-ジョサのアルゴリズム」を応用すると、下１桁の量子ビットについて、「０と１が同じ個数、ではない」もしくは「すべてが０またはすべてが１、ではない」のうち、どちらの状態になっているかを非常に短い手順で判定することができるからだ。

もっとも、この問題例の場合、計算をしなくても「奇数の結果と偶数の結果の数は等しい」ことがわかってしまう。「奇数と奇数の和、または、偶数と偶数の和は偶数」、「奇数と偶数の和、または、偶数と奇数の和は奇数」という性質と、０から255には奇数と偶数が同じ個数含まれていることに着目すればよい。

ところが、世の中には、すべての場合を調べてみなければ、結論が下せない問題もある。そのような問題に対して、量子コンピュータは強みを持っているのだ。しかし、その問題が見つかるのは、1985年のドイチュによる量子コンピュータの発案から７年後のことになる。そして、1994年のショアによる因数分解アルゴリズムへとつながってゆく。次の第５章では、それらのアルゴリズムについて見てみることにしよう。

第5章

量子アルゴリズム

5.1 アルゴリズムと量子コンピュータ

アルゴリズム、プログラム、論理回路

第4章では、「量子ビット」に基づく量子コンピュータの基本的なしくみを説明した。いよいよこの章では、実際に量子コンピュータがどうやって因数分解をはじめとする計算を「高速」にやってのけるのかを見てみよう。

コンピュータがある計算を行うしくみは、一般に「アルゴリズム」とよばれる。

アルゴリズムという言葉ととても似た言葉に「プログラム」がある。この2つはほとんど同じ意味を持つ。ただ、プログラムがあるコンピュータ言語で書かれているのに対して、アルゴリズムは動作そのものを指している。

例えば、「朝すっきり目覚める」という目的のために、「顔を洗い」「歯をみがき」「ラジオ体操をして」「コーヒー

を飲む」という一連の手法を取るとしよう。この一連の「動作」は立派なアルゴリズムだ。

プログラムは、そのそれぞれの動作を、あなたに理解できる言語で記述したものだ。例えば、あなたが英語しか話せないとすると「1 Wash your face. 2 Clean your teeth. 3 Do the radio-gymnastics. 4 Drink a cup of coffee.」が、あなたを朝すっきり目覚めさせるためのプログラム、ということになる。

たとえ何語で書かれていようが、同じような動作をするなら、それらは同じアルゴリズムを実行する「プログラム」ということになる。あるアルゴリズムに対して、英語で書かれたプログラム、日本語で書かれたプログラム、ポルトガル語で書かれたプログラムなど、いろいろなプログラムがあり得る。

また、同じ言語で書かれていたとしても、１つのアルゴリズムを表すプログラムはさまざまな形をとり得る。例えば、「カップにコーヒーを注いで飲みなさい。」と「コーヒーをカップに注いで飲め。」では、文章（プログラム）としては異なるが、動作（アルゴリズム）としては同じだ。

おおざっぱな説明ではあるが、これがアルゴリズムとプログラムの違いである。

量子コンピュータにプログラム言語はまだない

人間が使っている言葉にいろいろあるように、現在のコンピュータにもプログラムを記述するさまざまな「言語」がある。例えば、「C++」「Fortran」「BASIC」「Lisp」などだ。これらは、コンピュータを動作させるための命令と手順を、比較的人間にもわかりやすいかたちで記述するための「道具」だ。

しかし残念ながら、量子コンピュータにはまだ、動作させるための命令と手順を記述する「量子プログラム言語」は確立していない。

この本を読みながら、「一応コンピュータの本なのに、どうしてプログラム言語の説明がまったく出てこないのだろう」と不思議に思った方がいるかもしれない。じつは、プログラムを記述するための適切な「言語」がまだ開発されていないのだ。

「量子コンピュータ言語」には、ほんの少数の研究者が着目し始めた程度だ。もし、本書を読んでこの分野で研究をしてみようと思われた方には、ぜひ取り組んでいただきたい課題でもある。

量子コンピュータのアルゴリズム

さて、量子アルゴリズムの話に戻ろう。

第4章でも述べたが、最初1985年にドイチュが量子コンピュータのアイデアを提案した際、「現在のコンピュータと同じことが量子コンピュータでも可能だ」ということを証明した。しかし、量子コンピュータの方がより有用なのかどうか、またどのような問題に有用なのかはまったくわかっていなかった。

その問題に、1992年にドイチュ自身が、ジョサとともに見つけた答えが「ドイチュ-ジョサのアルゴリズム」だ。ただ、残念ながらそのアルゴリズムは非常に抽象的な対象に対するもので、通常のコンピュータより「高速に問題が解ける」ことは示されたものの、その有用性は明らかではなかった。

それを明らかにしたのが、ショアによる「因数分解アルゴリズム」の発見だった。この発見は、もうすでに何度か述べたように、暗号技術などに多大なインパクトを与えるものだった。

もう１つ重要なアルゴリズムとして、グローバーの発見したデータベース検索量子アルゴリズムがある。この章では、これら３つの代表的な量子アルゴリズムをできるだけやさしく解説していく。

まず、もっとも構成が簡単なドイチュ-ジョサのアルゴリズムを最初に取り上げる。ここで、第４章の最後で述べた、「重ね合わせの計算結果」からどのように「特徴の抽出」がなされているかを見てほしい。それが量子コンピュータの高速性の鍵である。次に、グローバーのアルゴリズムを取り上げる。因数分解アルゴリズムはさまざまな予備知識を必要とするので、一番最後に解説する。

ただし、これら３つのアルゴリズムの説明は、それぞれ１つ１つ完結しているため、もし一刻も早く因数分解アルゴリズムのしくみを知りたい方は、5.4 節の因数分解アルゴリズムの説明から読んでいただいてもかまわない。章の最後に、アルゴリズム研究についての雑感をまとめた。

では、さっそくドイチュ-ジョサのアルゴリズムから始めよう。

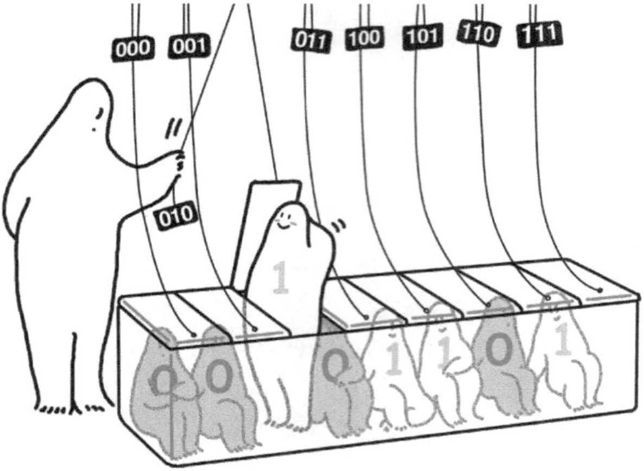

図5−1　ドイチュ-ジョサのブラックボックス

5.2 ドイチュ-ジョサのアルゴリズム

ドイチュ-ジョサの問題

1992年、ドイチュとジョサは、量子コンピュータを用いた方が、通常のコンピュータよりも圧倒的に速く計算が行えるような問題を見つけた。まずその問題を見てみよう。

今、ここにブラックボックスがあるとする。ブラックボックスの中には、8個のビットからなるビット列が隠されている。そして、ブラックボックスに知りたいビットの位置を入力すれば、ブラックボックスはその値を答えてくれる（図5−1）。

今、ブラックボックスの中に［00101101］というビット

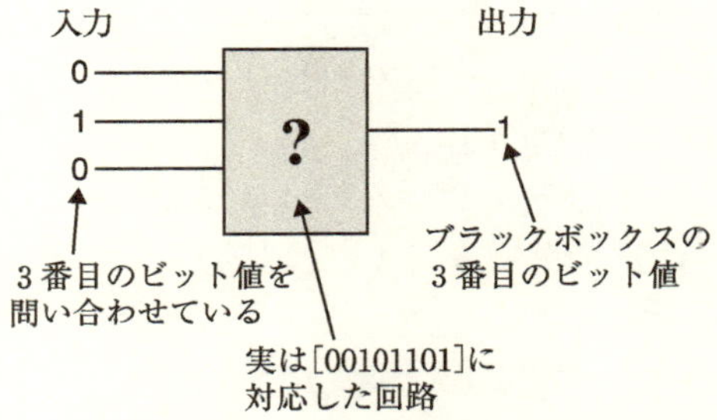

図5−2　古典ブラックボックス回路

列が蓄えられているとしよう。その場合、ブラックボックスに［000］（10進数の0）を入力すると、ビット列の最初の値である0が答えとして返ってくる。［001］（10進数の1）を入力すると、今度はビット列の2番目の値である0が返ってくる。また、［010］（10進数の2）を入力すると、ビット列の3番目の値である1が返ってくる。

別のたとえをすると、ここでいうブラックボックスとは、中身のよくわからない集積回路（図5−2）のようなものだ。その集積回路には、3本の入力端子がある。そこに、入力値として［000］、［001］、［010］、……というビット値（に対応した電圧）を与えると、それに応じて、出力端子からは0、または1の値が得られる。その出力を順に並べたものが、ブラックボックスの「蓄えられているビット列」に対応する。

以下、ビット列が「すべて0」または「すべて1」の場合を「均一なビット列」とよぶことにする。この場合、均一なビット列は、［00000000］と［11111111］の2通りだ。また、「０と１が同じ個数」の場合を「等分なビット列」とよぶことにする。等分なビット列は、［11110000］をはじめとして70通りある。

ここでは、ブラックボックスの中に隠されているビット列は必ず、均一なビット列もしくは等分なビット列のどちらかであるとする。

ドイチュ-ジョサの問題とは、「ブラックボックスが蓄えているビット列が、均一、等分という２つの種類のうち、どちらなのかを判定せよ」というものだ。この問題をコンピュータに解かせることを考える。つまり、このブラックボックス回路に対して、いろいろな値を入力し、その応答からブラックボックス回路がどちらの種類かを判別するような方法（アルゴリズム）を考えるわけだ。

ふつうのコンピュータで解こうとすると……

まず、通常のコンピュータを用いて行う場合を考えてみよう。例えば、隠されているビット列が［01010101］だとする。まず思いつくのは、最初のビットから逐次検査していく方法だろう。この場合、最初に値［000］を入力すれば、１番目のビットの値０が得られる。次に値［001］を入力すれば、２番目のビット値の１が得られる。この時点で、２つのビット値が異なるため、隠されているビット列は「均一ではない」ことがわかる。今は、ビット列は必ず等分か均一かであるとしているので、この場合、最初の２ビットを検査しただけで「隠されているビット列は等分」という答えが得られる。

今度は、ビット列が［00001111］の場合を考えよう。同じように最初から１つずつ検査した場合、４つ目のビットまでは値０ばかりが得られる。しかしこの状態ではまだ「均一」なのか「等分」なのかを判定することができない。５つ目のビットを検査して１の値が得られ、ようやく「均一ではない」、すなわち今の場合「等分」という答えが得られる。逆に、もし５つ目のビットも０だと、８個のビット中５個が０ということになり、「等分ではない」ことが判明する。つまり、答えは「均一」となる。

先ほどはたった２個のビットの検査で結果が得られたが、今の例では５個のビットの検査が必要になった。このように最大で、（半数+1）個のビットの検査が必要になってしまう。今はビットを先頭から検査した例を示したが、たとえでたらめな順番でビットを検査しても、最大の場合に必要な回数は（半数+1）個で同じである。

この例から、N を自然数として、もし2^N個のビット列を隠し持つブラックボックスが与えられたとすると、最大で（半数+1）回、つまり（$2^{N-1}+1$）回の検査が必要になる。もし先ほどの例のような集積回路に対して、現在のコンピュータを用いてこの問題を解こうとすると、１回の検査を１ステップで行えると仮定した場合、最大で（$2^{N-1}+1$）回のステップが必要になることがわかる。

ドイチュとジョサは、量子コンピュータを用いると、均一または等分の、どのようなビット列が与えられた場合でも、2^N個のビット列に対して、たった（$2N+3$）回のステップで行えることを示した。先ほどの例の８ビット（$N=3$）の場合だと９回かかってしまい、メリットはない。しかし、例えば$N=50$の場合、つまり2^{50}個のビット列の場合には、通常のコンピュータだと560兆（！）ステップ程度が必要になるのに対して、量子コンピュータではたったの103ステップですんでしまう（!!)。その（計算）方法は、ドイチュ-ジョサのアルゴリズムとよばれている。では、そのしくみを見てみよう。

ドイチュ-ジョサの量子アルゴリズム

最初に、ひとつ断っておかなければならないことがある。先ほどの例のブラックボックスは、ある数字を入力した場合、それに対応して１つの値「０」または「１」を出力するものだった。今度は「ブラックボックス」として、入力と出力に「量子重ね合わせ状態」を許すような「量子ブラックボックス」を考える。２つを区別するために、先ほど考えたブラックボックスは「古典ブラックボックス」とよぶことにする。

別の言い方をしよう。先ほどはブラックボックスの例として、古典的なゲートが集まった「中身のわからない集積回路」を考えた。それに対して今度は、量子ゲートで構成された「中身のわからない量子集積回路」を想定するのだ。したがってこの場合、ブラックボックスの入出力は、量子ビットで与えられることになる。図5−3の場合、入力用に３つ、出力用に１つで合計４つの量子ビットがある。

古典ブラックボックスの場合と同様に、１番目のビットに対する答えが知りたければ、初期状態として入力用量子ビットを$|000\rangle$、出力用量子ビットをある決められた初期値にセットして、量子ブラックボックス回路にかける。３番目のビットなら、入力ビットを$|010\rangle$にセットする。

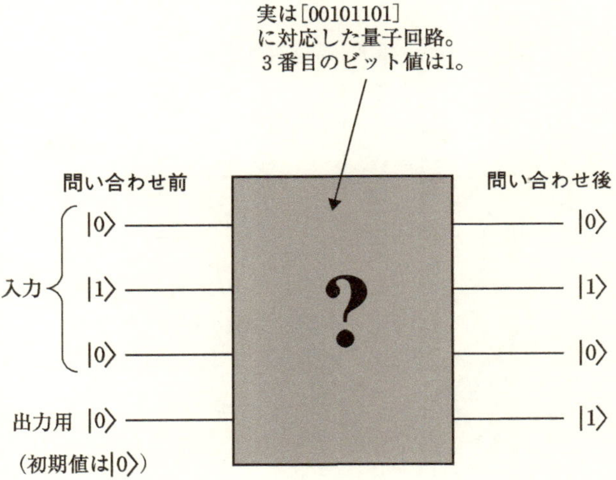

図5−3　量子ブラックボックス回路

この時、ブラックボックスは次のように応答する。隠されたビット列の３番目のビットが［０］の場合は、出力用量子ビットの値はそのまま出力されるが、［１］の場合には出力用量子ビットが反転されるのだ。

例えば、出力用量子ビットの初期値を $|0\rangle$ としておくと、出力用量子ビットはブラックボックスの中の対応するビット値そのものになる。このとき、入力用量子ビットの値は変化しない。また、入力用量子ビットとしては、$|010\rangle$ のようにある決まった状態だけでなく、$|000\rangle+|111\rangle$ といった重ね合わせ状態もOKだ。

ドイチュ-ジョサの量子アルゴリズムは、このような量子ブラックボックスに対して、等分か均一かを確実に超高

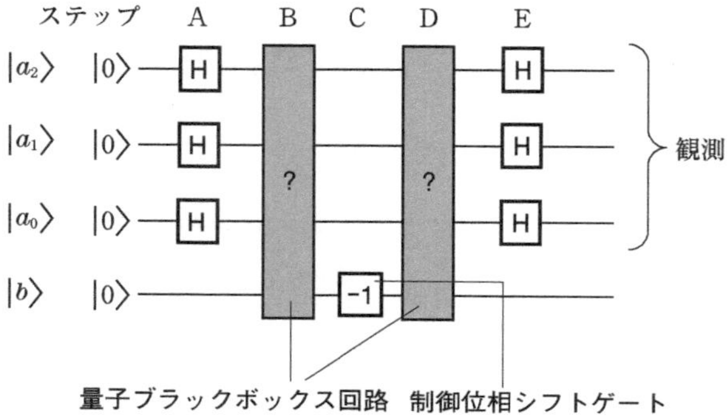

図5－4　ドイチュ-ジョサのアルゴリズムの量子回路

アドレスビット$|a_0\rangle$、$|a_1\rangle$、$|a_2\rangle$ を観測した結果、すべて$|0\rangle$ であれば、量子ブラックボックスに隠されていたビット列はこの場合「均一」、それ以外であれば「等分」である。Hはアダマールゲートを指す。

速で判別することができる。

図5－3の量子ブラックボックスを判定するための「ドイチュ-ジョサのアルゴリズム」を量子回路にしたものが図5－4だ。

この回路では、$|a_0\rangle$、$|a_1\rangle$、$|a_2\rangle$、$|b\rangle$ の４つの量子ビットを用いて、判定のための一種の「計算」を行うことになる。$|a_0\rangle$、$|a_1\rangle$、$|a_2\rangle$ は今まで述べてきた入力用量子ビットだ。これらは、ブラックボックスの中のビット列の位置（アドレス）を決めているので、「アドレスビット」とよぼう。また$|b\rangle$ には、アドレスビットの示す位置のビット値が［０］なのか［１］なのかが蓄えられる。ここでは、このビットを「レジスタビット」とよぶ。

最初、３つのアドレスビット（$|a_0\rangle$、$|a_1\rangle$、$|a_2\rangle$）はす

べて$|0\rangle$にセットする。また、レジスタビット$|b\rangle$も$|0\rangle$にしておく。

図5－4を用いて、全体の流れを大まかに説明しよう。このようにセットされた４つの量子ビットは、ステップＡからステップＥの「量子回路」の中で、各ステップごとにさまざまなゲート操作を受ける。そして、最終的に得られた状態について３つのアドレスビットを観測する。もしすべてが状態$|0\rangle$であれば、その結果だけから、「量子ブラックボックスの中に蓄えられていたビット列は均一」だと100パーセント断定できる。

一方、もし「すべて$|0\rangle$」以外の結果が得られたとすると、「ビット列は等分」と断定が可能だ。この理由については、次の「ドイチュ-ジョサのアルゴリズムの中身」のところで説明する。

ここで重要なのは、確率的に正しい結果が得られる場合があるというのではなく、この量子計算を実行すると、１度だけの試行で、100パーセント確実に正しい結果が得られるということだ。「量子コンピュータは、常に確率的にしか答えが得られない」という誤解がしばしば見受けられるので注意してほしい。

ドイチュ-ジョサのアルゴリズムの中身

では、具体的にドイチュ-ジョサのアルゴリズムのしくみについて詳しく見てみよう。

図5－4の最初の部分（ステップＡ）では、３つのアドレスビットに対してアダマールゲート（115ページ）を作用させている。それぞれの量子ビットは、$|0\rangle$から$|0\rangle$と

$|1\rangle$ の重ね合わせ状態へと変化する。その結果、量子メモリのところ（111ページ・図4－19）で説明したように、３つのアドレスビットは $|0,0,0\rangle$ から $|1,1,1\rangle$ までの８つの状態の量子重ね合わせ状態へと変化する。一方、$|b\rangle$ は $|0\rangle$ のままだ。よって、この４つの量子ビットの状態 $|a_2, a_1, a_0, b\rangle$ を具体的に書くと、次のようになっている。

$$(|0,0,0,0\rangle + |0,0,1,0\rangle + |0,1,0,0\rangle + |0,1,1,0\rangle + |1,0,0,0\rangle + |1,0,1,0\rangle + |1,1,0,0\rangle + |1,1,1,0\rangle)/2\sqrt{2}$$

最後に係数 $1/(2\sqrt{2})$ がついているのは、８つの状態がそれぞれ等しい確率で存在する重ね合わせ状態になっているからだ。それぞれの状態として検出される確率は振幅の２乗で与えられるから、1/8となって、８つの状態が等しい確率で現れることがわかる。

次に、図5－3で示した量子ブラックボックス回路に入る（ステップＢ）。例えば $|0,0,0\rangle$ が入力されると、量子ビット $|b\rangle$ はブラックボックスのビット列の最初の値に応じて変化する。つまり、その値が［０］なら $|b\rangle$ は $|0\rangle$ のまま、［１］なら $|b\rangle$ は反転して $|1\rangle$ に変化する。

今、量子ブラックボックス回路に蓄えられているビット列が［10110100］だとしよう。これは見ての通り、「等分」のビット列である。この時、ステップＢの後の状態は次のようになる。

$$(|0,0,0,1\rangle + |0,0,1,0\rangle + |0,1,0,1\rangle + |0,1,1,1\rangle + |1,0,0,0\rangle + |1,0,1,1\rangle + |1,1,0,0\rangle + |1,1,1,0\rangle)/2\sqrt{2}$$

よく見ると、それぞれの項の最終ビット（レジスタビット$|b\rangle$）の内容が、蓄えられていたビット列［10110100］そのものであることがわかるだろう。そう、つまり量子ブラックボックスの持っていたビット列の情報を、１度の操作で読み出せたわけである。あとは、この状態からいかにして「特徴を抽出」し、均一か等分かを判定するかだ。

その抽出を行うための細工をするのが、次のステップＣだ。ここでは、レジスタビット$|b\rangle$に対して制御位相シフトとよばれるゲート操作を行う。制御位相シフトは、対象とするビットが$|1\rangle$の時だけ、その位相をプラスからマイナスへと変化させる。もしレジスタビット$|b\rangle$が$|0\rangle$であればその位相は変化しないが、レジスタビット$|b\rangle$が$|1\rangle$であれば、その位相はマイナスになる。この操作の後の状態は、次のようになる。

$$(-|0,0,0,1\rangle+|0,0,1,0\rangle-|0,1,0,1\rangle-|0,1,1,1\rangle+|1,0,0,0\rangle$$
$$-|1,0,1,1\rangle+|1,1,0,0\rangle+|1,1,1,0\rangle)/2\sqrt{2}$$

次のステップＤでは、もう一度、量子ブラックボックス回路を通過する。先ほど説明したように、この量子ブラックボックスは、入力されたアドレスに対応するビット値が［０］ならレジスタビットの値はそのまま、［１］ならレジスタビットの値を反転する。これにより、$|b\rangle$の状態はもとの$|0\rangle$に戻ることになる。具体的には次のようになる。

$$(-|0,0,0,0\rangle+|0,0,1,0\rangle-|0,1,0,0\rangle-|0,1,1,0\rangle+|1,0,0,0\rangle$$
$$-|1,0,1,0\rangle+|1,1,0,0\rangle+|1,1,1,0\rangle)/2\sqrt{2}$$

結局、レジスタビット$|b\rangle$の値は、アドレスビット（$|a_0\rangle$、$|a_1\rangle$、$|a_2\rangle$）の状態に関係なく常に$|0\rangle$の状態に戻る。ただし、アドレスビットの重ね合わせの位相は、ステップＣの制御位相シフトゲートのために、最初の重ね合わせ状態とは異なる点に注意してほしい。レジスタビットを分けて書き出すと次のようになる。

$$(-|0,0,0\rangle+|0,0,1\rangle-|0,1,0\rangle-|0,1,1\rangle+|1,0,0\rangle-|1,0,1\rangle \\ +|1,1,0\rangle+|1,1,1\rangle)|0\rangle/2\sqrt{2}$$

最初のかっこの中が３つのアドレスビットの状態だ。

次のステップＥでは、これら３つのアドレスビットに再びアダマールゲートを作用させる。このゲートは、$|0\rangle$に作用させると$(|0\rangle+|1\rangle)/\sqrt{2}$に、$|1\rangle$に作用させると$(|0\rangle-|1\rangle)/\sqrt{2}$に変化する。３つの量子ビットに１つずつこの変換を作用させてゆく。

例えば、$|0,0,0\rangle$の状態について考えてみよう。３つのビットのうち左側のビットを変換すると$(|0,0,0\rangle+|1,0,0\rangle)/\sqrt{2}$になる。次に真ん中のビットに作用させると、

$$\{|0\rangle(|0\rangle+|1\rangle)|0\rangle+|1\rangle(|0\rangle+|1\rangle)|0\rangle\}/2 \\ =(|0,0,0\rangle+|0,1,0\rangle+|1,0,0\rangle+|1,1,0\rangle)/2$$

となる。同じように右側のビットに作用させると、

$$(|0,0,0\rangle+|0,0,1\rangle+|0,1,0\rangle+|0,1,1\rangle+|1,0,0\rangle+|1,0,1\rangle \\ +|1,1,0\rangle+|1,1,1\rangle)/2\sqrt{2}$$

となる。

次の項である$|0,0,1\rangle$について、同じように３つのアドレスビットにアダマールゲートを作用させてみよう。一番左側のビットを変換すると、$(|0,0,1\rangle+|1,0,1\rangle)/\sqrt{2}$ になる。つぎに真ん中のビットに作用させると、$(|0,0,1\rangle+|0,1,1\rangle+|1,0,1\rangle+|1,1,1\rangle)/2$となる。そして、最後に右側のビットに作用させると、$(|0,0,0\rangle-|0,0,1\rangle+|0,1,0\rangle-|0,1,1\rangle+|1,0,0\rangle-|1,0,1\rangle+|1,1,0\rangle-|1,1,1\rangle)/2\sqrt{2}$ となる。

この操作を８つのすべての状態について行ってゆく。すると、互いにプラスマイナスで打ち消し合う状態が出てくる。それらをすべて整理してやると、結果、状態は次のように変わることがわかる。

$$(|0,0,1\rangle+|0,1,1\rangle-|1,0,0\rangle+|1,1,0\rangle)/2$$

さて、くり返しになるが、「ドイチュ-ジョサの量子アルゴリズム」では、最終的に得られた状態について３つのアドレスビットを観測して、もしすべてが状態$|0\rangle$であれば、その結果だけから、「量子ブラックボックスの中に蓄えられていたビット列は均一」だと100パーセント断定できる。一方、もし「すべて$|0\rangle$」以外の結果が得られたとすると、「ビット列は等分」と断定できる（139ページ）。この判断が正しいかどうか確認してみよう。

今の場合、アドレスビットの状態は$|0,0,1\rangle$、$|0,1,1\rangle$、$|1,0,0\rangle$、$|1,1,0\rangle$の４つの状態の重ね合わせなので、これらの状態のどれかが必ず得られる。つまり、必ず「すべて$|0\rangle$」以外の結果が得られるということだ。したがって、

「この量子ブラックボックスは『等分』だ」という判断になる。

一方、量子ブラックボックス回路に蓄えられていると仮定したビット列は［10110100］。たしかに等分だ。つまり、この判断は正しいことになる。

今度は量子ブラックボックス回路に蓄えられているビット列が「均一」である場合を考えてみよう。例えば、ビット列が［00000000］、つまりすべてのビット値が［0］の場合を考えてみる。先ほどと同じように考えると、ステップBで量子ブラックボックス回路を経た後での状態は、

$$(|0,0,0,0\rangle+|0,0,1,0\rangle+|0,1,0,0\rangle+|0,1,1,0\rangle+|1,0,0,0\rangle \\ +|1,0,1,0\rangle+|1,1,0,0\rangle+|1,1,1,0\rangle)/2\sqrt{2}$$

となるはずだ。どの項においても、レジスタビット$|b\rangle$の状態は$|0\rangle$になっている。

この状態にステップCで制御位相シフトゲートが作用したとしても、レジスタ$|b\rangle$が$|0\rangle$のため、位相シフトはまったく生じず、状態は上のままで変化しない。つまり、ステップAで3つのアドレスビットにアダマールゲートが作用した後の状態からはここまでまったく変化しない。つまり、$|a_0\rangle$、$|a_1\rangle$、$|a_2\rangle$がすべて$|0\rangle$と$|1\rangle$の重ね合わせ$(|0\rangle+|1\rangle)\sqrt{2}$の状態で、$|b\rangle$は$|0\rangle$という状態だ。

ステップEのアダマール変換は、状態$(|0\rangle+|1\rangle)\sqrt{2}$の量子ビットを$|0\rangle$に変化させる。この状態で、アドレス$|a_0, a_1, a_2\rangle$の量子ビット3つにそれぞれ再びアダマールゲートが施されると、それぞれの量子ビットは状態$|0\rangle$に戻

る。つまり、３つのアドレスビットは状態$|0,0,0\rangle$に戻る。このアドレスビットを検出すると、100パーセントの確率ですべて状態$|0\rangle$の結果が得られる。つまり、「均一」であることが正しく判定できることになる。

今は、等分、均一のそれぞれについて１つの例を見ただけだが、ドイチュとジョサはこの方法で、どのような「等分」「均一」のビット列に対しても、100パーセントの確率でいつも同じステップ数で判定できることを示した。

この例では、８ビットのビット列が隠されていると考えたため、アドレスビットが３量子ビット必要になった。そして、アドレスビットの重ね合わせ状態作成（図5－4の手順A）に３ステップ、途中の処理（手順B～D）に３ステップ、最後の打ち消し合い部分に３ステップ（手順E）の合計９ステップ必要になったわけだ。

じつは、隠されているビット列が２倍になったとしても、アドレスビットを１つ増やすだけで対応が可能だ。その場合、手順Aと手順Eでそれぞれゲートがあと１つずつ必要になる。したがって、１つのゲート操作を１ステップと勘定すれば、2^N個のビット列に対しても、$(2N-3)$のステップ数で計算（判断）ができることがわかる。この実験については、第６章で紹介しよう。

この問題設定はかなり特殊な感じがするし、何に使えるのかの御利益も正直なところわかりにくい。ただ、このアルゴリズムは、量子コンピュータがこれまでのコンピュータより高速に計算が可能であることを示した最初の例として、とても重要なのである。

5.3 データベース検索のアルゴリズム

データ検索には時間がかかる

では次に、もうすこし役に立ちそうな問題について見てみよう。データベース検索とよばれる問題だ。

データベースの身近な例としては、電話帳がある。

ここに、1000件の電話番号が収録された電子電話帳があるとしよう。その電話帳は、電話番号と名前の組み合わせに、名前の五十音順に番号がつけられている。そして、付属のテンキーで0から999までの数字を入力すると、その番号に応じて名前と電話番号を表示するのだ（図5－5）。

図5－5　電子電話帳

このような電話帳を用いると、人の名前から、その人の電話番号を比較的簡単に調べることができる。例えば最初に、1000のちょうど半分の500を入力する。そして、現れた名前と電話番号を探している名前を比べてみる。

もし、電話番号を探している名前が、現れた名前より五十音順で前だった場合、今度は500の半分の250を入力し、同じことを行えばよい。今度は後だったとすると、次は375を入力する。そのような手順で次々に半分ずつに分けて調べてゆけば、10回程度くり返すことで必ず知りたい人物の番号を調べることができる。

今度は電話の着信履歴に電話番号だけが残されていたとしよう。その電話番号が誰のものかを調べるにはどうすればよいだろうか。残念ながら、この場合には０から順々に値を入力して、データベースの１件１件について電話番号を問い合わせ、それが目的の番号かどうかあたっていくしかない。目標の番号が表示されるのが１回目なのか1000回目なのか、まったく予想がつかない。したがってこの場合、平均で500回、最大の場合1000回、キーをたたかなければならない勘定になる。もしデータベースが N 件のデータを含んでいるとすると、平均でも N の半分、最大 N 回問い合わせをかけなければならない。もしその電子電話帳に１億人分の電話番号があった場合、平均で5000万回、最大で１億回、電子電話帳に問い合わせなければならない。これは非常に困難な仕事になる。

ところが量子コンピュータの場合、この種のデータ検索を$\sqrt{N}$ 回で確実にできてしまうのだ。1000件の場合だと約32回、１億個のデータの中から探し出す場合でも、１万回

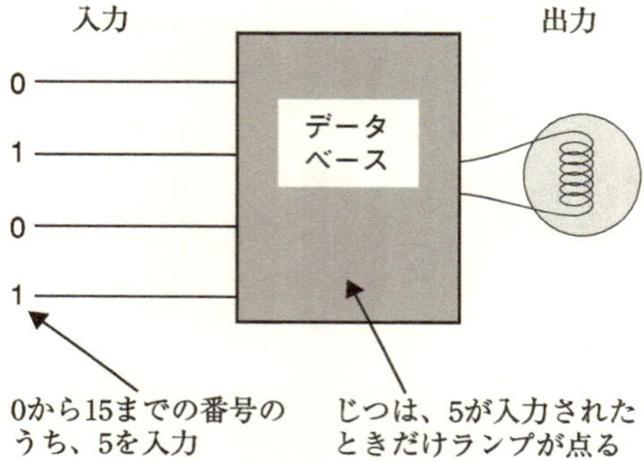

図5−6　データベース回路

の問い合わせで済んでしまう。

　データ検索のアルゴリズムは、発明した人物の名前からグローバーのアルゴリズムとよばれている。さっそく、そのしくみを見てみよう。

　まず、問題を簡単にするために、先ほどの電子電話帳の代わりに（古典）データベース回路を考える（図5−6）。この回路には、番号を２進数で入力することができる。図5−6の例では、回路は「５（２進数で［0101］）」が入力された場合だけ光る。電話番号が表示される代わりに、正解のときには回路に取りつけられたランプがつくのだ。

　この場合にも、どの番号でランプが点るかは、最大でデータの数だけ、平均でもその半分の回数、試してみなければわからないのは、先ほどの電子電話帳の場合と同じだ。

グローバーのアルゴリズム

　次に、この問題の量子バージョンを考えよう。ここで、

古典データベース回路に相当するものとして、量子データベース回路（図5−7）を考える。古典データベース回路では、隠された番号になるとランプが点ったが、量子データベース回路では、入力された各アドレスビット列（$|a_1, a_2, a_3, a_4\rangle$）の値が「隠された番号」に相当する場合だけ、アドレスビット列の位相が反転される。図5−7では、$|0101\rangle$が隠された番号であり、その状態だけ位相が反転している。このような量子回路が与えられたときに、「隠された番号」を求める、というのがグローバーの検索アルゴリズムの解く問題だ。

グローバーの検索アルゴリズムは、図5−8に示すような量子回路によって実行することができる。n 個の量子ビットを用いれば、$N = 2^n$ 個までのデータを処理できる。例えば、４量子ビットあれば、16個のデータを含むデータベース回路の検索を実行できる。

この回路へは、最初 n 個の量子ビットがすべて $|0\rangle$ の状態を入力する。そして、この量子回路を経た後で、最終の各量子ビットの状態を「観測」する。

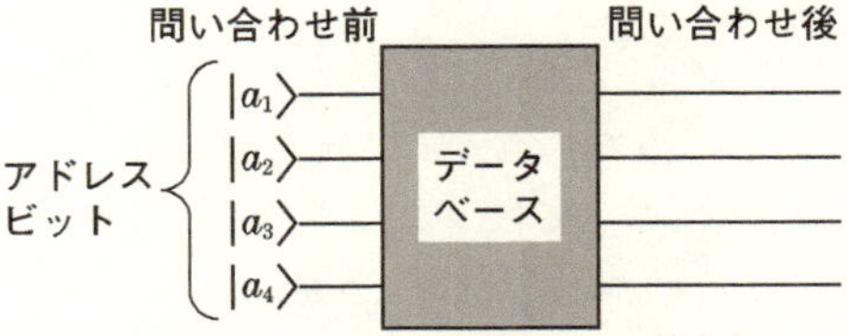

図5−7　量子データベース回路

このデータベース回路では、入力が$|0101\rangle$ の場合だけ位相が反転する。例えば、重ね合わせ状態の１つである（$|0000\rangle + |0101\rangle + |1111\rangle$）$/\sqrt{3}$ が入力されると、（$|0000\rangle - |0101\rangle + |1111\rangle$）$/\sqrt{3}$ に変化する。

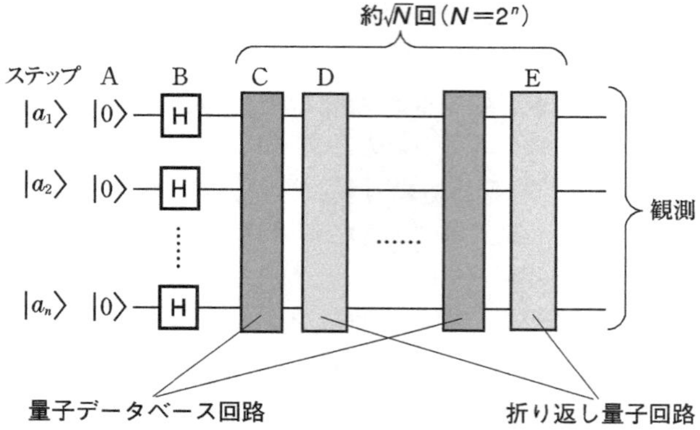

図5−8　グローバーの検索アルゴリズムの量子回路

量子ビット$|a_n\rangle$から$|a_1\rangle$を観測した結果を２進数に置き直したものが、求める番号である。例えば、$|1\rangle$、$|1\rangle$、$|0\rangle$であれば、［110］となり、答えは６。

例えば、４量子ビットの回路で、出力結果が$|0\rangle|1\rangle|0\rangle|1\rangle$だったとしよう。すると、求めたかったデータベースに隠されていた番号が［0101］、つまり５であることがわかる。

このとき、得られた答えが本当に「隠された番号」であるとは限らないのが、先ほどのドイチュ-ジョサのアルゴリズムとは異なる点だ。しかし、その確率は1/2より十分大きい（Nの値によっては１になる)。

したがって、一度検算を行う必要がある。検算するには、得られた結果を量子データベース回路（図5−7）に入力して、位相がマイナスになって出てくるかどうかを見ればよい。位相がマイナスになっていれば、「正解」だ。もし正解でなかった場合には、もう一度グローバーの検索アルゴリズムを実行すればよい。正解確率は1/2より十分大きいので、何度か（感覚的には数回）実行すれば、ほぼ確率１で正しい答えを得ることができる。これは、コインを投げると、そう何度もしないうちに必ず表が出るのと同じことだ。

グローバーの量子回路の中身

では、図5－8の回路の動作を１つずつ見てみよう。図の上部に書いてあるアルファベットは、回路の各ステップを表している。

最初のステップＡでは、初期状態としてすべてのアドレスビットに $|0\rangle$ の状態を入力する。

次のステップＢでは、それぞれのアドレスビットにアダマールゲートを作用させる。その結果、すべての量子ビットが $|0\rangle$ と $|1\rangle$ の重ね合わせ状態になる。これは、ドイチュ-ジョサのアルゴリズムの場合と同じだ。つまり、アドレスビット列は $|00\cdots0\rangle$ から $|11\cdots1\rangle$ まで、2^n（$=N$）個の状態の、等しい確率振幅を持つ重ね合わせ状態になっている。ここで、このアドレスビット列を、$|00\cdots0\rangle$ から $|11\cdots1\rangle$ に対応して $|0\rangle$ から $|N-1\rangle$ の状態をとる、量子レジスタだと考えよう。図5－9Bは、この量子レジスタの確率振幅をグラフにしたもので、$|0\rangle$ から $|N-1\rangle$ まですべての状態が、$1/\sqrt{N}$ の確率振幅を持っていることを表している。

次に、「量子データベース回路」を作用させる（ステップＣ）。今、「隠された数字」に対応する状態を $|k\rangle$ としよう。先ほどの例（$n=4$）では、10進数の５に対応する状態 $|0101\rangle$ がそれにあたる。

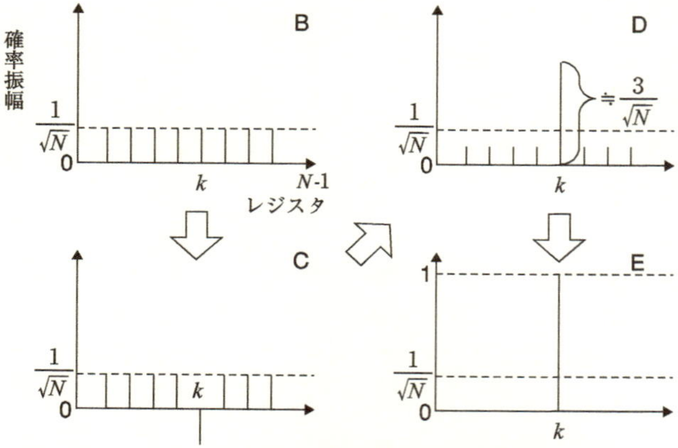

図5−9　検索アルゴリズム中の各状態の確率振幅

横軸の値に対応する量子レジスタの状態の確率振幅を示した。例えば、横軸の値が k のところの線の長さは、量子レジスタの状態 $|k\rangle$ の確率振幅の大きさに対応している。また、確率振幅が正の値の時は上側に、負の値の時は下側に線を延ばしている。

このとき量子データベース回路では、$|k\rangle$ に相当する状態だけ位相が反転する操作が行われる。そして、それぞれの状態の確率振幅は、ちょうど $|k\rangle$ の部分の符号だけがマイナスになっている状態になる（図5−9C）。

さらに、この状態に「折り返し量子回路」が作用する（ステップD）。折り返し量子回路は、「すべての量子レジスタの確率振幅の平均値に対して、各状態の確率振幅を折り返す」操作を行う（図5−10）。

各状態の確率振幅は、大きさは $1/\sqrt{N}$ ですべて同じだが、状態 $|k\rangle$ 部分だけ符号がマイナスになっている。このため、確率振幅の平均は $1/\sqrt{N}$ よりすこし小さな値になる（確率振幅を２乗したものの総和は、１になる）。

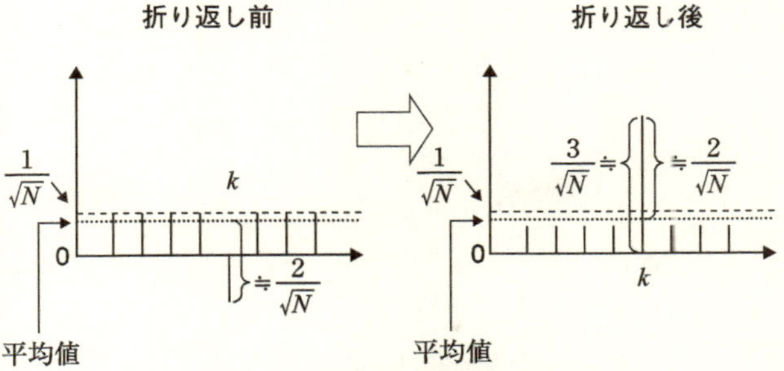

図5－10　折り返し変換の動作

その平均値に対して、各状態の確率振幅が「折り返される」。その結果、状態 $|k\rangle$ の確率振幅だけが、もとの確率振幅の約３倍の、$3/\sqrt{N}$ 程度になる。一方、ほかの状態の確率振幅は小さくなる（図5－9D)。これが、「折り返し量子回路」だ。

詳しい説明は省くが、この折り返し量子回路は、各量子ビットに対するアダマールゲートと、アドレスビットが（$n = 4$ の場合）$|0,0,0,0\rangle$ の状態のときだけその位相（符号）を反転するゲート（回路）とで容易に実現できる。グローバーのアルゴリズムのミソは、ここにある。

量子データベース回路に対して、何度か「折り返し量子回路」を組み合わせることで、隠された数に対応する状態 $|k\rangle$ の確率振幅だけを、どんどん大きくしていくことができるのだ。

この後は、量子データベース回路と、折り返し量子回路が交互に繰り返される。そして、折り返し量子回路が作用するたびに、量子レジスタ $|k\rangle$ の確率振幅は、$5/\sqrt{N}$、

$7/\sqrt{N}$、……と大きくなってゆき、大体$\sqrt{N}$回程度この操作を繰り返すと、量子レジスタ$|k\rangle$の部分の確率振幅のみがほぼ1になり、そのほかは0に近くなってしまう（図5－9E）。

ということは、大体$\sqrt{N}$回程度操作し終えた状態で量子ビットを観測すると、その出力は高い確率で$|k\rangle$になっているはずだ。どの程度の確率になるかはNの値によって異なるが、最低でも1/2より十分大きいことがわかっている。このため、たとえ観測した結果が正解でなかったとしても、この操作を何回か（感覚的には数回）繰り返せば、結果としてほぼ確実に正しい$|k\rangle$を得ることができる。

このようにして、隠された数を、大体$\sqrt{N}$回程度の操作で調べることができるのだ。

5.4 ショアのアルゴリズム

量子コンピュータで難所を突破！

最後に、1994年にショア（図5－11）が発見した因数分解の量子計算アルゴリズムをとりあげよう。

因数分解は、一見簡単そうに見えるが、桁数の増大とともに指数関数的に計算時間が増大することが知られている。例えば、1万桁の整数を因数分解するには、現在最高速の計算機を使っても、1000億年以上の時間が必要だと考えられている。

ところがショアは、量子コンピュータを用いれば、桁数にせいぜい比例する程度の時間で計算できることを発見した。おおざっぱな試算では、数時間で１万桁の因数分解が行えることになる。

ただ、この量子アルゴリズムの詳細を正確に説明しようとすると、かなり込み入った数学的な話をしなくてはならなくなる。そこで、できるだけエッセンスに的を絞って話を進めたい。

図5－11　ショア
撮影／古田 彩

ショアのアルゴリズムの説明に入る前に、いくつかの準備が必要だ。というのは、ショアのアルゴリズムでは、入力された数を「直接」因数分解するわけではなく、ある種間接的に因数分解を行うからだ。

たとえると、こんな感じかもしれない。東北新幹線が開業した時、始発駅は東京駅ではなく、大宮駅だった。その後しばらくして上野駅まで開通した。一方、東海道新幹線の始発駅は今と変わらず東京駅だった。そのため、まだ上野が東北新幹線の始発駅だった頃は、例えば名古屋から仙台に行こうとすると大変だった。名古屋から東京駅、上野駅から仙台までは新幹線で高速で行けるのだが、東京駅と上野駅の間は重い荷物をかかえて当時の「国電」に乗らなければならなかったからだ。

この状況は、東北新幹線が東京駅に乗り入れ、東京駅―上野駅間のギャップが埋まったことで大幅に改善された。

ショアのアルゴリズムの発見は、それまで知られてい

図5－12　ギャップを埋めた、ショアのアルゴリズム

た、因数分解のある解き方において「上野駅―東京駅」間のギャップが埋められたイメージだ（図5－12）。いや、それ以上のできごとだったかもしれない。上野―東京間に高い山がそびえ立っていて、とても越えられないと思われていたところにトンネルを掘り抜いて通した、といえばいいだろうか。

つまり、こういうことだ。それまでにも、因数分解を行う数学的な方法は知られていた。その方法のいくつかの計算ステップの中で、「ここさえ高速にできれば、すごく早く因数分解ができる」ことは以前からわかっていたが、その方法がなかった。そこを、ショアは量子アルゴリズムで解決してしまったのだ。

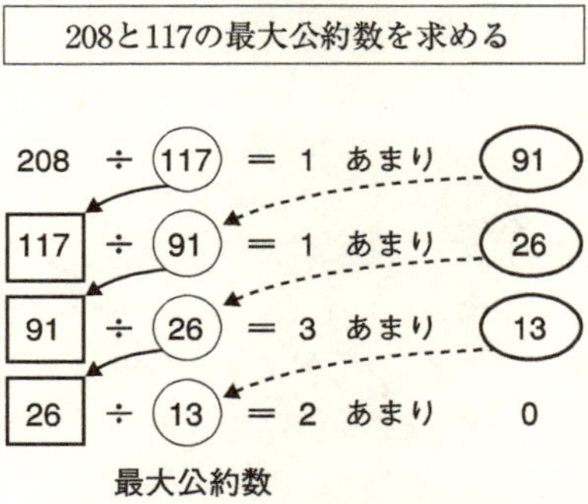
208と117の最大公約数を求める
208 ÷ 117 = 1 あまり 91
117 ÷ 91 = 1 あまり 26
91 ÷ 26 = 3 あまり 13
26 ÷ 13 = 2 あまり 0
最大公約数

図5－13　ユークリッドの互除法

準備１　ユークリッドの互除法

まず最初に、準備として「２つの数の最大公約数は高速に計算が可能」であることを説明しよう（図5－13）。

約数というのは「与えられた数を割り切れる数」だ。例えば、15は約数として３と５を持つ。最大公約数というのは、「与えられた２つの数のどちらともを割り切れる最大の数」だ。例えば、12と18の最大公約数は６になる。この場合は簡単に求められるが、与えられる数が大きくなると難しそうに見える。それを効率的に求める方法が、「ユークリッドの互除法」とよばれるものだ。

その手順を箇条書きにすると次のようになる。

手順１　小さい方の数で大きい方の数を割り、「あまり」を求める。
手順２　今求めた「あまり」で、先ほど割るのに使った数を割って、新しく「あまり」を求める。

手順３　この手順２を「あまり」が０になるまでくり返す。
手順４　最後に求めた「あまり」が、最大公約数である。

この方法で、208と117の最大公約数を求めてみよう。

まず、208を117で割ると、商が１であまりが91になる。

次に、今求めたあまり91で、さっき割るのに使った117を割る。すると、新たな「あまり」は26になる。

そして、今求めたあまりの26で、さっき割るのに使った91を割ると、あまりは13。

さらに、今求めたあまりの13で、さっき割るのに使った26を割ると、今度は割り切れて、あまりが０だ。よって、最大公約数は、最後に求めたあまりの13とわかる。

この方法のミソは、「割り算をして求まった『あまり』は、『割られる数』の半分より必ず小さい」ということだ。これは、「あまり」が最大になる条件を考えるとわかる。「あまり」は、「割られる数」の半分より「割る数」がわずかに大きいときに最大となる。その場合の「あまり」は「割られる数」から「割る数」を引いたものだから、やはり「割られる数」の半分よりは小さくなる。

また、図5−13からわかるように、「割られる数」は２つ前の割り算の「あまり」に等しい。つまり、求まる「あまり」は２つ前の「あまり」の半分より必ず小さくなる。よって、手順２を繰り返すごとに「あまり」は急速に（指数関数的に）小さくなっていき、最大公約数を非常に高速に特定することができる。

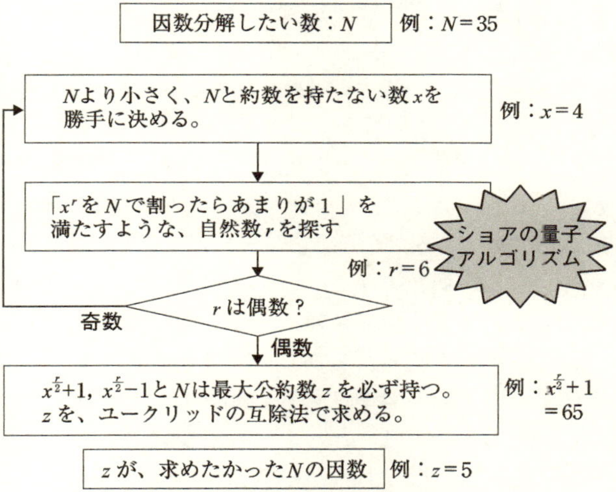

図5－14　因数分解の手順

準備２　因数分解の手順

次に、ショアのアルゴリズムを用いて因数分解を行う際の手順を紹介しよう（図5－14）。ちょっと回りくどい方法だが、おつきあい願いたい。

手順１　因数分解したい数を N とする。以下では、$N=35$ の場合を例にとって説明する。その N に対して、お互いに約数を持たないような N より小さい数 x を勝手に決める。x と N が互いに約数を持つかどうかは、先ほどのユークリッドの互除法で高速に判定が可能だ。ここでは、そのような x として４を選んだとしよう。

手順２　x^r のうち、「N で割ったらあまりが１」になっているような最小の自然数 r を探す。$x=4$ の1乗を $N=35$ で割るとあまりが4、2乗（=16）を割るとあまりが16、と探していくと、6乗（=4096）の時に初めてあまりが1になる。よって、この場合 $r=6$ だ。

手順3　もし求まった r が奇数だったときには、運が悪かった。手順1に戻って、x を選び直してやり直す。今考えている例では $r=6$ だから、このまま進むことができる。

手順4　もし、偶数の r が求まったのであれば、次のようにして N の因数を直ちに求められる。

今、x^r は、N で割ったらあまりが1になっているはずだ。つまり、(x^r-1) は、N の整数倍になっている。一方で、(x^r-1) は、$(x^{r/2}+1)$ と $(x^{r/2}-1)$ を掛け合わせたものだから、その2つのどちらかと N は、公約数を持っているはずだ。今、$(x^{r/2}+1)$ と N の最大公約数を z とすると、z はすなわち N の因数だから、これで N の因数分解ができたことになる。

例について見てみよう。$N=35$, $x=4$ であるから、手順2の結果 $r=6$ が求まった。この場合、$(x^{r/2}+1)$ と $(x^{r/2}-1)$ は、それぞれ65と63になる。$(x^{r/2}+1)=65$ と $N=35$ の最大公約数を求めると、5になる。これが、求めたかった35の因数だ。35を5で割ると7になり、$35=5\times7$ と因数分解できる。また、もう一方の $(x^{r/2}-1)=63$ と35の最大公約数を求めると7で、こちらも35の因数になっている。

ちなみに、最大公約数 z は先ほど見たようにユークリッドの互除法を使って高速に求めることができる。また、N を素因数分解したい場合には、N を今求めた最大公約数 z で割った商に対して、同様の手順を繰り返せばよい。

ちょっと回りくどいが、以上のような形で因数分解を行うことができる。この方法はじつは数学者の間では以前から知られていた。しかし、手順２の「r の探索」を高速に行う方法が存在しなかったのだ。

もし r を１からしらみ潰しに調べていったとすると、大体 N の何分の１かのステップ数はかかることになる。これだと、N を10進数で表される数だとした場合、桁数が１桁増えると10倍、２桁増えると100倍と、桁数に対して指数関数的にかかる時間が増えてしまう。

ショアは、この手順２「r の探索」を高速に行う量子アルゴリズムを発見したのだ。

「r を求める方法」を求めて

では、「r の探索」の方法について考えてみよう。ちょっと数式が入るが我慢してほしい。

今、ある正の数 x^r が、たまたま「N で割ったらあまりが１」だったとする。そのときには、

$$x^r=(k\times N)+1 \quad (k は整数)$$

と表せる。そのことをふまえて、x^{r+1} を N で割ったあまりを求めてみよう。すると、

$$x^{r+1}=x^r\times x=(k\times N+1)\times x=(k\times x)\times N+x$$

となることがわかる。これは、x^{r+1} を N で割ったあまりが x であることを表している。一方、今、x は N より小さい

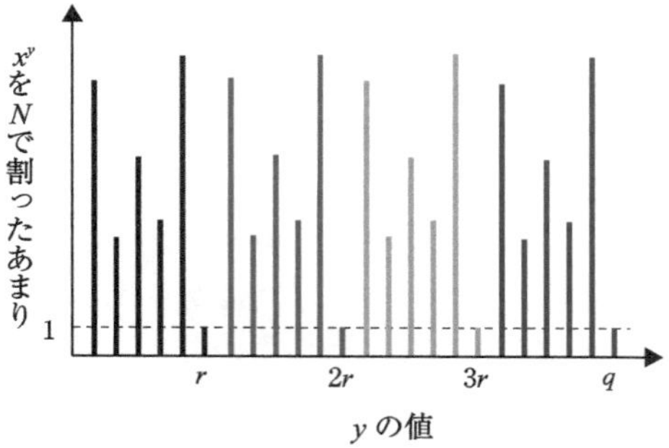

図5－15　x^y を N で割ったあまりには周期がある

この図では $r=6$, $q=24$の例を示したが、q は N より十分大きければ r の倍数である必要はない。

数で考えているので、x を N で割ったあまりも x だ。つまり、「x^{r+1} を N で割ったあまりと、x を N で割ったあまりとは等しい」のである。

同じように、x^{r+2} を N で割ったあまりは、x^2を N で割ったあまりに等しい。上と同じような計算で、どのような正の数 m に対しても、x^{r+m} を N で割ったあまりは、x^mを N で割ったあまりに等しいことが示せる。

図5－15は、このようすを示している。この図の横軸には、x の累乗の指数 y をとっている。今の計算では、y はある最大値 q までとり得ると考える。縦軸には、x^yを N で割ったあまりを示している。

y が1から始まって r に至るまで、x^y を N で割ったあまりは、y の値に応じてさまざまな値をとるだろう。そして、y が r のところで「あまり」の値が1になる。

そして、ここが非常に大事なところだが、y が r より大きくなったとき、グラフはそれまでのパターンを周期的に繰り返すことになる。これは、先ほど見たように「どのような正の数 m に対しても、x^{r+m} のあまりが x^m のあまりに等しい」からだ。

つまり、この周期さえわかれば、r が求められる。

ショアは、量子コンピュータを用いれば、この周期を非常に高速に求められることを発見したのだ。ショアのアルゴリズムの核心はこの１点につきている。

フーリエ変換

ある値のパターンに対してその周期を求めるには、よく知られた方法がある。「フーリエ変換」とよばれる方法だ。

「フーリエ変換」と聞くと非常に難しそうなイメージがあるかもしれないが、安心してほしい。これはいってみれば「波形定規を当てて、周期をはかる」方法にすぎない（図5－16）。

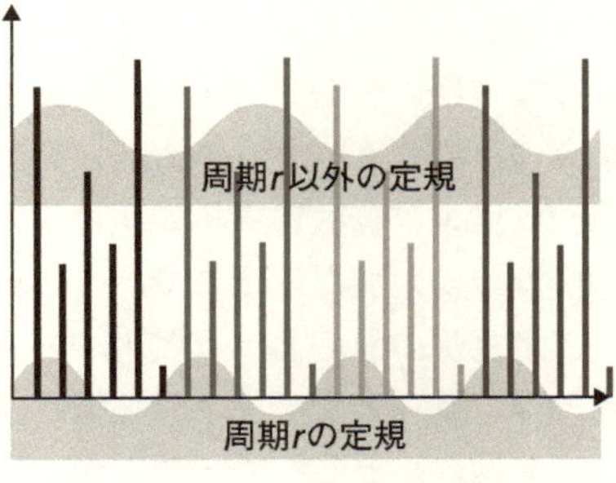

図5－16　波形定規を用いた周期判定

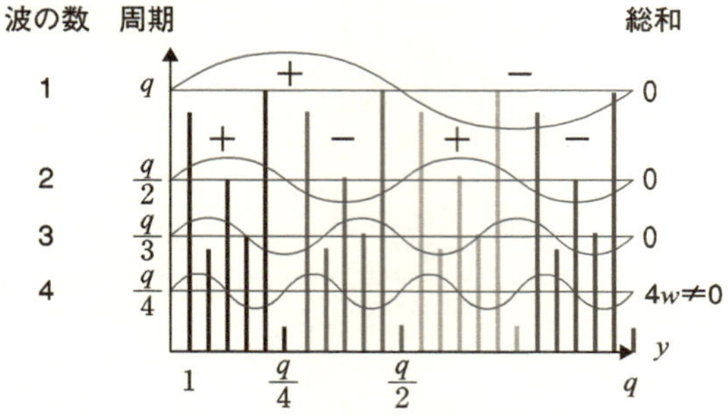

図5－17　フーリエ変換のしくみ

図5－15同様、$q=24, r=6$ の場合を示した。

上側は、周期が r とは異なる「波形定規」を当てた場合だ。この場合、波形定規の凹凸と、グラフの凹凸のパターンの現れ方が一致していない（だんだんずれてゆく）ことが一目でわかるだろう。下側は、周期がちょうど r の波形定規を当てた場合だ。この場合、定規の波の凹凸とグラフの凹凸のパターンが完全に一致していて、定規のどのくり返し部分を見ても、グラフの凹凸パターンとの関係が同じであることがわかるだろう。フーリエ変換とは、このようにいろいろな周期の波形定規をたくさん用意して、それを当てた場合の「一致度」を見る方法だ。

ただ、この一致度を、無数にある定規に対していちいち目で見て判断するのは大変だ。そこで、うまい方法が考えられている。波形定規の波のちょうど平均の高さを0とすれば、その波形はプラスとマイナスに振幅が交互に入れ替わる関数（サイン関数）として表すことができる。この関数の振幅をそれぞれのグラフの値に掛け合わせて、すべて足し算するのだ（図5－17）。

図5－17の一番上のカーブは、左端から右端（ q：今の計算における y の最大値）までがちょうど１波長に相当している。このように、左端から右端までに含まれる波の数を、波数と呼ぶことにしよう。一番上のカーブの波数は１だ。

では、この波数１の関数の振幅を、今判定したいグラフのパターンに掛け合わせて、すべて足し合わせる場合を考えてみよう。このとき、関数がプラスのところ、マイナスのところにちょうど同じパターンが現れていることに注意してほしい。そのため、左端からちょうど中央まで、関数の振幅をグラフの値に掛け合わせながら足しあげた値（正の値）と、中央から右端まで足しあげた値（負の値）は、正負だけが逆で完全に同じ大きさを持つことになる。結局、全体を足した値は０になる。

同様に、図5－17の上から２番目の波数が２の場合についても、プラスマイナスは打ち消し合って、全体の総和は０になる。

上から３番目の、波数が３の場合は、グラフのパターンと波がずれているので直感的にはわかりにくいが、これも計算すると０になる。（注：図5－17の例では、y の最大値である q が小さいため、厳密には０にならない。しかし、q が非常に大きい場合には限りなく０に近づく。）

さて、上から４番目の、波数が４の場合には、先ほども見たように波の凹凸とグラフのパターンは完全に一致している。このとき、波１つ分（y が１から $q/4$まで）について、波の振幅を掛けて和を求めてみよう。この和は、一般

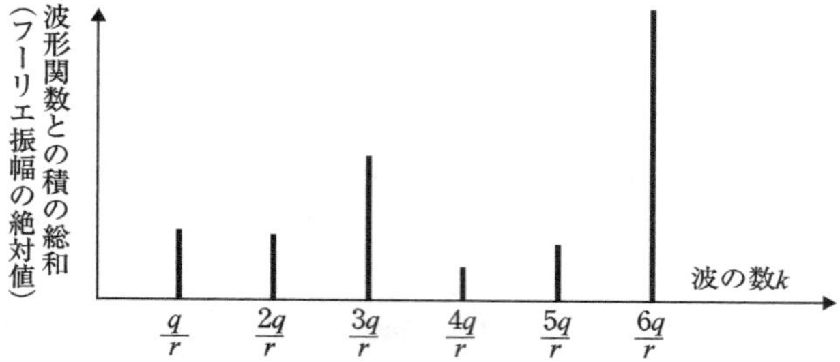

図5－18　フーリエ変換実行後

に０にはならない。図5－17について計算した場合、和がある値 w になったとしよう。すると、残りの３つの波の部分のそれぞれでも、和は同じ値 w になるはずだ。結局、左端から右端まで、波４つ分を足し合わせると、総和は４w となる。０にはならない。

つまり、波の周期とパターンの周期が一致したときだけ、総和として０以外の値が得られることになる。

図5－18は、そのようにして得られた総和と波数の関係をグラフにしたものだ。これまでの例と対応させると、最初のピークの位置 q/r は波数４だ。その２倍や３倍の波数のところでもピークが出るのは、結局その場合にも「波２つ分」「波３つ分」と、図5－17のグラフのパターンの周期が一致するために、和は０にならずに残るからだ。

図5－18のようなグラフを得る手続きを、「フーリエ変換」とよぶ。

因数分解の話にすこし戻ろう。160ページで述べたように、あまりの周期 r が簡単に求まりさえすれば、因数分解はできたも同然だった。つまり、もし図5－18に示したフーリエ変換を非常に高速で行うことができれば、因数分解はできたことになる。

ところが、このフーリエ変換にはかなり手間がかかる。例えば、データの個数（点数）が16点（＝４ビット）のフーリエ変換を行うとしよう。その場合、用意する「波形の定規」も結局16個必要だ。そして、１つの波形定規に対して16点１つ１つの振幅の掛け算をして、和を求めることになる。これをすべての波形定規に対して行うため、演算の回数は16×16で256回も必要になる。

同様に、N ビットの状態に対してフーリエ変換を行う場合、$2^N \times 2^N$回の演算が必要になる。

じつは、普通のコンピュータでももう少し速くフーリエ変換を行うことができる。高速フーリエ変換（Fast Fourier Transform, FFT）とよばれる方法だ。ここではそのしくみの詳細は述べないが、N ビットの状態、つまり 2^N 個の状態に対して、大体 2^N 回の演算でフーリエ変換を実行できる。さっきの例では、256回に対して16回で計算ができることになり、大きな短縮だ。

しかし、高速フーリエ変換法を用いたとしても、状態の数の回数だけ演算が必要だ。先ほどの場合だと図5－15の横軸の最大値である q 回程度は演算をしなければならない。これでは、わざわざフーリエ変換せずとも、しらみ潰しに「あまりが１になる r 」を探した方が早くなってしまう。

量子フーリエ変換

じつは、量子コンピュータを用いるとフーリエ変換を非

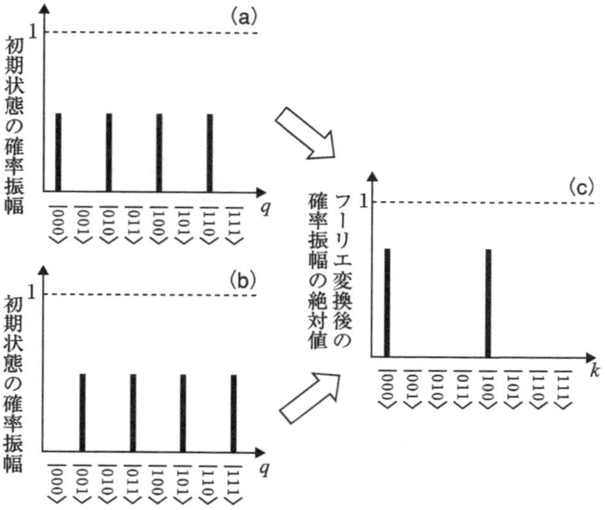

図5−19　量子フーリエ変換

常に高速に行うことができる。この量子フーリエ変換こそが、ショアのアルゴリズムの核心部分だ。

量子フーリエ変換の対象となるのは、量子ビットの確率振幅だ。3量子ビットの場合についての量子フーリエ変換のようすを図5−19に示した。横軸が量子ビットの8つの状態に、縦軸がその確率振幅に対応している。棒グラフの表示のないところは確率振幅が0だ。つまり、図5−19(a)が表している状態を数式で書くと、次のようになる。

$$(|000\rangle+|010\rangle+|100\rangle+|110\rangle)/2$$

このグラフは見ての通り、波の数が4つ、つまり波数4

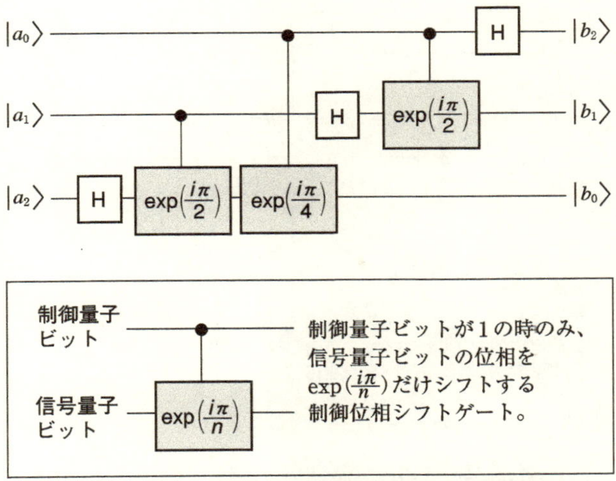

図5－20　3量子ビット量子フーリエ変換回路

の周期的なグラフだ。そして、この状態を「量子フーリエ変換」回路に通すと、状態の確率振幅の絶対値は図5－19（c）のようになる。ちょうど$|100\rangle$のところにピークがあるが、２進数表記の［100］が４であることから、これは元のグラフの「波数」であるとわかる。つまり、古典フーリエ変換で得られたグラフ図5－18が元のグラフの波数分布を表していたことと対応している。１つだけ異なるのは、図5－18の縦軸が具体的な「値」であるのに対して、図5－19（c）の縦軸は、その状態の確率振幅である点だ。

ちなみに、図5－19（b）は、図5－19（a）と同じ周期（＝同じ波数）を持つ別の量子状態だ。これにフーリエ変換を施しても、結果は図5－19（c）のようになる（厳密には、量子フーリエ変換後の各状態の確率振幅の絶対値は同

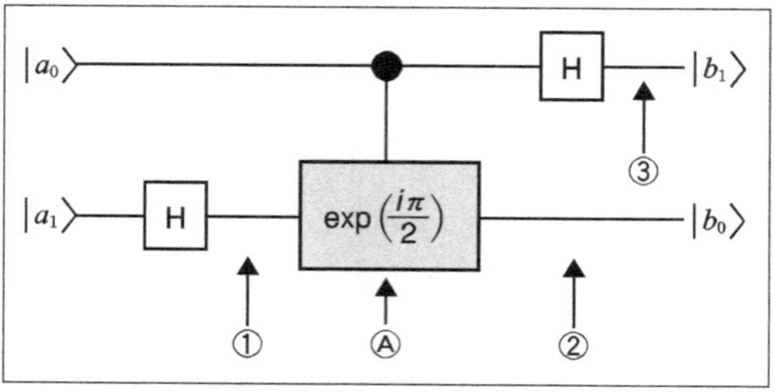

この回路で、量子ビットはそれぞれa_0、a_1の値に応じて次のように変化する。Ⓗはアダマールゲート（115ページ・図4-22）、またⒶは図5-20に示した制御位相シフトゲート。

$|a_1\rangle \to |0\rangle + \exp(i\pi a_1)|1\rangle$……①の部分

※$\exp(i\pi a_1)$は、$a_1=0$なら＋1、$a_1=1$なら−1であることに注意。

$\to |0\rangle + \exp\left(\frac{i\pi}{2}(2a_1+a_0)\right)|1\rangle = |b_0\rangle$……②の部分

$|a_0\rangle \to |0\rangle + \exp(i\pi a_0)|1\rangle = |b_1\rangle$……③の部分

$$|b_1\rangle|b_0\rangle = [|0\rangle + \exp(i\pi a_0)|1\rangle]\left[|0\rangle + \exp\left(i\pi a_1 + \frac{i\pi a_0}{2}\right)|1\rangle\right]$$

aおよびbの値の2進表記をそれぞれ［$a_1 a_0$］、［$b_1 b_0$］とする。つまり、$a=2a_1+a_0$、$b=2b_1+b_0$。上式を展開すると

$$|b\rangle = |0\rangle + \exp\left(\frac{i\pi}{2}a\right)|1\rangle + \exp\left(\frac{i\pi}{2}a\times 2\right)|2\rangle + \exp\left(\frac{i\pi}{2}a\times 3\right)|3\rangle$$

となる。この式から$|b\rangle$の各状態の係数が$|a\rangle$の各状態の係数のフーリエ変換になることがわかる。

図5−21　2量子ビット量子フーリエ変換回路

じだが、位相は異なる)。

この量子フーリエ変換を行う量子回路を、図5－20（169ページ）に示した。ただ、この回路によってなぜフーリエ変換が行われるかを理解するには、どうしても大学初等程度のフーリエ変換の知識が必要になる。その原理については、図5－21の中で説明したので、興味ある読者はご覧いただきたい。

図5－20に示した回路で重要なのは、３ビット、つまり８つのデータ点数に対するフーリエ変換が、たった６回のゲート操作ですむことだ。もしこのフーリエ変換の操作をふつうのコンピュータを用いて地道に行うと、先ほども述べたように８×８＝64回の計算が必要になる。

対象とする量子ビットの数が２、３、４、５、……と増えると、必要なゲートの数は３、６、10、15、……と増える。量子ビットの数が N になっても、ゲートの数は N（N+1)/2にしかならない。一方、これまで知られていたもっとも効率のよいフーリエ変換の方法（高速フーリエ変換法、FFT）でも、2^N 回程度の操作が必要だ。N が100の場合、2^{100}、つまり1000兆の1000兆倍（１の後ろに０が30個ならぶ）回の操作が必要になる。量子フーリエ変換の場合、必要なゲート操作の数は、約5000回だ。

このように「非常に少ないゲート操作でフーリエ変換ができてしまう」ことは、ショアのアルゴリズム、ならびに量子コンピュータのもっとも本質的な点である。

ショアのアルゴリズムの中身

ここまでくれば、すべての道具はそろった。では、ショ

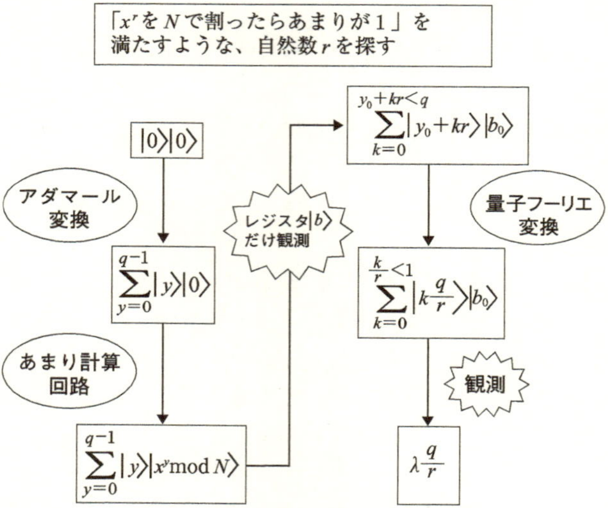

図5−22　ショアのアルゴリズムの流れ

アのアルゴリズムを、図5−22の流れに沿って詳しく説明しよう。

今、因数分解したい数は N だ。ショアのアルゴリズムは、図5−14（159ページ）の因数分解の手順のうち、r を求めようとするものだ。ここでも、あらかじめ x は適当に選ばれているとする。また、N より十分大きい数として、q を適当に決めておく。

このアルゴリズムでは、2つの量子レジスタ $|a\rangle$ $|b\rangle$ を用いる。このうち $|a\rangle$ が、ドイチュ-ジョサのアルゴリズムでの「アドレスビット」に相当する。レジスタ $|a\rangle$ は、$|0\rangle$ から $|q-1\rangle$ まで、レジスタ $|b\rangle$ は、少なくとも $|0\rangle$ から $|N-1\rangle$ の状態を取ることができるとする。つまり、

$|a\rangle$、$|b\rangle$とも多数の量子ビットで構成されている。

例えば、qが256（$=2^8$）だとしよう。この場合、レジスタ$|a\rangle$は８個の量子ビットが並んだもので構成される。このとき、レジスタ$|a\rangle$は$|0\rangle$（＝すべての量子ビットが$|0\rangle$の状態、$|00000000\rangle$）から$|255\rangle$（＝すべての量子ビットが$|1\rangle$の状態、$|11111111\rangle$）まで256通りの状態をとれる。量子レジスタのケット内の「数」は、構成する量子ビットの値を2進数と見たときの値に対応している。以下、量子レジスタの状態を$|0\rangle$と書いた場合、量子レジスタを構成する量子ビットがすべて$|0\rangle$の状態を、$|q-1\rangle$はすべて$|1\rangle$の状態を意味していると思ってほしい。

ステップ１　量子レジスタの最初の状態を、$|0\rangle|0\rangle$にセットする。つまり、２つのレジスタを構成するすべての量子ビットを$|0\rangle$にセットする。

ステップ２　レジスタ$|a\rangle$を、$|0\rangle, |1\rangle, \cdots, |q-1\rangle$までのすべての状態の重ね合わせに変化させる。

このステップでは、レジスタ$|a\rangle$を構成するすべての量子ビットの１つ１つに、アダマールゲートを作用させる。その回路は、図5−8（150ページ）のグローバーのアルゴリズムのステップBと同じだ。その操作の後では、量子レジスタの状態は次のように書ける。

$$\sum_{y=0}^{q-1}|y\rangle|0\rangle = |0\rangle|0\rangle + |1\rangle|0\rangle + |2\rangle|0\rangle + \cdots + |q-1\rangle|0\rangle$$

ステップ３　「x^yをNで割ったあまりを計算して、量子レジスタ$|b\rangle$に格納する」操作（量子回路）を行う。

先ほどの重ね合わせ状態がこの操作を受けると、一度の

操作で量子レジスタ$|b\rangle$にあまりが代入される。x^yをNで割ったあまりを（$x^y \bmod N$）と書くことにすると、この操作の後では量子レジスタの状態は次のようになる。

$$\sum_{y=0}^{q-1}|y\rangle\left|x^y \bmod N\right\rangle = |0\rangle\left|x^0 \bmod N\right\rangle + |1\rangle\left|x^1 \bmod N\right\rangle + |2\rangle\left|x^2 \bmod N\right\rangle + \cdots + |q-1\rangle\left|x^{q-1} \bmod N\right\rangle$$

ここでは詳しく述べないが、第４章で述べた「足し算」回路（121ページ・図4－25）と同じようにして、この操作は少数個のゲートで実現できる。

ステップ４　ここで、量子レジスタ$|b\rangle$を観測する。

すると、$x^y \bmod N$はあるyに対応した値として測定され、確定するはずだ。測定の結果確定した量子レジスタ$|b\rangle$の状態を、仮に$|b_0\rangle$としよう。

ただし、ここで注意しなければならないのは、先ほど説明したように、「x^yをNで割ったあまり$x^y \bmod N$」は、yに対して周期rで繰り返されるということだ。つまり、測定された値b_0は、たしかにx^yをNで割ったあまりであるが、同様にx^{y+r}をNで割った場合も、x^{y-r}をNで割った場合も、あまりは同じくb_0になる。

もう少し数学的に言えば、そのようなyの値の中で一番小さいものをy_0とすると、y_0+rもy_0+2rも、そしてy_0+krも同じb_0を「あまり」として与えることになる。

量子レジスタ$|b\rangle$を観測しただけでは、同じあまりを与えるy_0+krのうちのどれなのかを言い当てることはできないので、（物理的に）量子レジスタ$|a\rangle$の値はそれらの

値の状態の重ね合わせになる。結局、量子レジスタ$|b\rangle$を観測し、$|b_0\rangle$と確定したあとでは、

$$\sum_{k=0}^{y_0+kr<q}|y_0+kr\rangle|b_0\rangle=|y_0\rangle|b_0\rangle+|y_0+r\rangle|b_0\rangle$$
$$+|y_0+2r\rangle|b_0\rangle+\cdots+|y_0+k_0r\rangle|b_0\rangle$$

という重ね合わせ状態になる。ここで、k_0は、$y_0+kr<q$を満たす最大のkである。

この時、量子レジスタ$|a\rangle$は、rを周期とするある値の状態においてだけ、0でない確率振幅を持っているということに注目してほしい。つまり、図5－19の（a）や（b）に示された状態になっている。ここで、量子フーリエ変換の出番である。

ステップ５　量子レジスタ$|a\rangle$に、量子フーリエ変換を施す。

すると、先ほどのフーリエ変換、量子フーリエ変換のところで説明したように、周期の波数、つまりq/rの整数倍のところでだけ大きな確率振幅が現れる（図5－19（c））。この状態で量子レジスタ$|a\rangle$を観測すれば、得られた観測結果は$\lambda q/r$（λはでたらめな整数）ということになる。

rを求めるには次のようにする。その観測結果をq（qはあらかじめこちらで決めた数だった）で割り、得られた値を約分する。例えばその結果が7/32になったとする。もし、λとrがたまたま互いに素だったとすると、この場合32がrである（この場合、たまたまλは7だったことになる）。

λとrが互いに素であったかどうかを調べるには、rが

偶数であったなら、実際に図5−14で次のステップに進み、「ユークリッドの互除法」を使って z を求め、N を割ってみるとよい。くり返すが、ユークリッドの互除法や割り算は、非常に高速に実行できる。もし、実際に N を割り切ることができれば、正しく N の因数が求まっていたことがわかる。つまり、逆に言えば λ と r が互いに素であったことになる。

じつは、λ が今の場合のようにでたらめに与えられる場合、r と互いに素である（最大公約数が1である）確率は、ある一定の割合（$1/\log(\log r)$）以上存在する。よって、$\log(\log r)$ 回程度実験をくり返せば、かならず r を求めることができる。$\log(\log r)$ 回とは、例えば r が1000桁の10進数であったとしてもせいぜい8回程度と、ほんのわずかな回数だ。

要約しておこう。量子フーリエ変換を行った後、観測した結果を q で割って、r の候補を求める。そこで N の因数分解を試みて、うまくいかなかったら、最初に戻って再び r の候補を求める。これを何度か（そう多くない回数）くり返せば、因数分解が実行できる。

以上が、ショアのアルゴリズムのしくみだ。

この量子アルゴリズムを用いた「15＝3×5」の因数分解が、溶液中の分子の核スピンを用いる方法で2001年にチャンらによってなされた。この実験については、次の第6章で詳しく見よう。

5.5 量子アルゴリズムと今後の展開

ショアの因数分解アルゴリズムの発見の後、前述のデータベース検索を高速で行えることも発見され、高速で解けるほかの問題の探索が進行中だ。例えば、グローバーのデータベース検索アルゴリズムが発展したものとして、「データベース中にいくつ対象とするデータが含まれているかを高速に数えるアルゴリズム」なども発見されている。

ただ、残念ながら、第１章で述べた「巡回セールスマン問題」や「ナップザック問題」を量子コンピュータで高速に解決するアルゴリズムは、まだ見つかっていない。

じつは、数学的に見て、一般に量子コンピュータがいったいどの程度、現在のコンピュータより高速なのかについても、確固たる結論が出ているわけではない。

「量子コンピュータを用いると、どういった問題を高速に解決できるのか」は、量子コンピュータ研究者の最大の関心事の１つだ。

あくまで個人的な予測だが、ひょっとすると、相互作用する多粒子の問題（とくに量子力学が関与する場合）なども、高速に計算できるのではないかと思っている。

ちょっと話はそれるが、私は趣味で将棋をする。将棋の難しさも、手が進むにつれて局面の数が莫大に増えるところにある。もし量子コンピュータの莫大な並列計算をうまく用いることができれば、ひょっとしたら無敵の将棋プログラムができるのではないかとも、密かに思っている。

第6章

実現にむけた挑戦

6.1 量子コンピュータを作るには？

第４章、第５章では、量子コンピュータの動く「理屈」について説明してきた。

その「理屈」とは、要約すれば「０と１の重ね合わせ状態をとり得る『量子ビット』に対して、決められた手順（量子回路）にしたがって、回転ゲートや制御ノットゲートなどの量子ゲートを作用させる」というものだ。

しかし、「このようなものを作ればできる」ということにはまだ触れていない。この章では、具体的にどうすれば量子コンピュータを実現できるかを解説する。

ビットとその担い手

量子ビットの担い手について考える前に、（古典）ビットの担い手について少し考えよう。「担い手」とは、ビットという抽象的な概念を実現するための「もの」（状態）のことだ。例えば、現在の計算機は、ビットとして素子の電圧の値を用いている。ある一定以上の電圧値であれば「１」、それ以下であれば「０」という具合だ。この場合、電圧がビットの担い手ということになる。

ここで重要なのは、「ビット」の担い手は「０」と「１」を区別できるものであれば、原理的にはなんでもよいということだ。電圧以外のものであってももちろんよい。

例を１つ挙げよう。東京お台場の日本科学未来館に、私がとても気に入っている展示がある。「インターネットの物理モデル」というものだ。この展示では、「ビット」の値の担い手としてボールを用いている。白いボールが「０」、黒いボールが「１」といった具合だ。それらのボールの列で表された「ビット列＝情報」が、送り手から受け手まで、コロコロと伝わっていくようすを見るのはとても面白い。インターネットのしくみを、「目に見える」形で示しているのだ。このように、「ボールの色」でさえ、「ビット」の担い手となり得る。

今の例はすこし極端かもしれないが、インターネットでメールを交換する場合を考えても、「ビット列＝情報」はさまざまなものに担われることで、送られている（次ページ・図6－1）。

例えば、携帯電話からメールを送る場合について考えてみよう。第４章で説明したように、メールの文字の１つ１つはビット列として管理されている。そして携帯電話の内部では、ビット値の１つ１つは電子回路の「電圧」によって担われている。

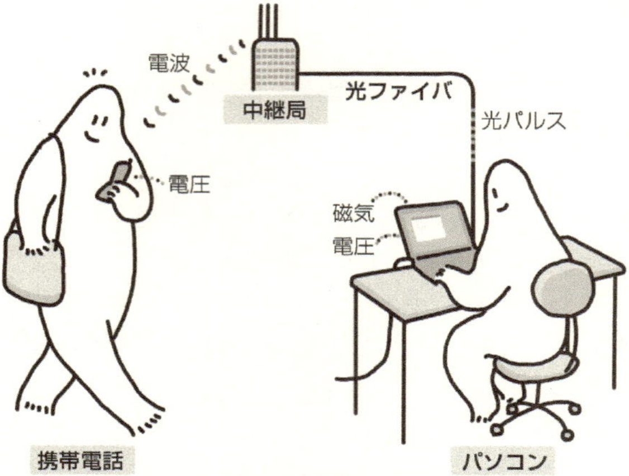

図6－1　さまざまな物理媒体に担われるビット

そのビット列は、携帯電話から中継局（よくアンテナとよばれているもの）に、特定の周波数の電波を用いて送信される。送信は、電波の位相を非常に短い時間ごとに切り替えて行われる。例えば、送りたいビットの0と1を2ビットごとにまとめ、［00］、［01］、［10］、［11］のいずれであるかによって4通りの位相を逐次切り替えながら送受信を行う、という具合である。この場合には、「電波の位相」がビットの内容を担っていることになる。

送信されたビット列は、中継局（アンテナ）で受信されると、遠隔地にある別のアンテナや、インターネットの配信会社へと送られる。その伝送には、光ファイバとよばれる光を通すケーブルが用いられる。ここでは、「光パルス」のオン、オフがビットとなる。送信側は、非常に高速に光を点滅可能な、半導体レーザーとよばれる光源を用い、光信号を光ファイバに送り込む。受信側は、光検出器とよばれる、光信号を電気信号に変える素子で受信する。

さて、相手がそのメールをパソコンで受け取ったとしよう。そのメールは、Windowsなどの基本ソフト（OS）上ではフォルダなどで管理されている。しかしその情報は、実際にはハードディスクの中に蓄積されている。つまり、ビットはハードディスク内部の磁気ディスク上の、非常に微小な磁石の向きによって担われているのである。

今見てきただけでも、「電圧」「電波の位相」「光パルス」「磁気」と、「ビット」はさまざまな担い手によって実現されていることがおわかりいただけただろう。その物質や物理量が担い手になり得るかどうかは、０と１の状態を区別かつ保持できるかどうかにかかっている。どの担い手を選ぶかは、高速読み書きがしやすい（電圧）、伝送しやすい（光、電波）、長期保存しやすい（磁気ディスク）などの特徴によって、必要に応じて使い分ければよい。

量子ビットと担い手

では次に量子ビットについて考えよう。量子ビットの場合、担い手にとって必要な条件は、「０または１」の重ね合わせ状態を保持できることだ。逆に言えば、重ね合わせ状態をとれさえすれば、どんなものでも量子ビットの候補になり得る（次ページ・図6－2）。

例えば、第２章、第３章での主役だった「光子」。これも１つの候補だ。光子については、第３章でその経路における重ね合わせ状態を詳しく調べた。例えば上側の経路を

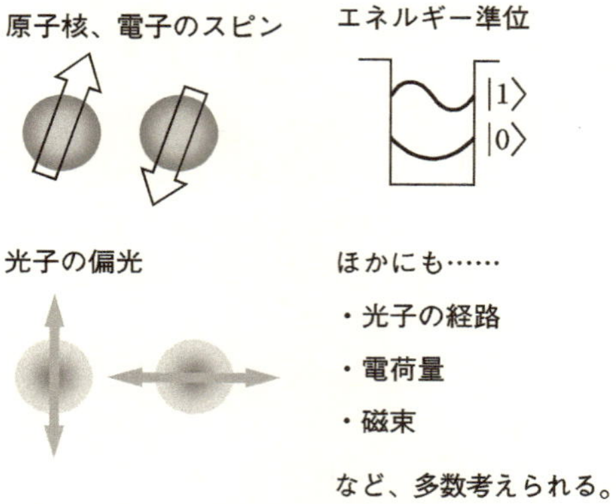

図6−2　量子ビットのさまざまな候補

$|0\rangle$、下側の経路を$|1\rangle$とすることで、量子ビットとして用いることが可能だ。光子については経路のほかにも、「偏光」状態を量子ビットとして用いることができる。

また、「電子」も担い手となり得る。電子は、その「位置」を量子ビットの$|0\rangle$と$|1\rangle$として用いることができる。また、電子の「エネルギー準位」や、「スピン」とよばれる量の重ね合わせを考えることができる。これらについては、後に詳しく解説するが、量子ドット（量子点）とよばれる構造に単一の電子を閉じ込めて、量子ビットとして用いる試みが研究されている。

さらに、「原子」も可能だ。この場合も、原理的には位置についての重ね合わせを考えることができるが、むしろ原子核（原子の中心にある、陽子と中性子からなる重い部分）のスピンや、原子の電子状態の利用が論じられている。ほかに、磁束量子や、電荷量を用いる提案もなされている。

量子コンピュータ実現の必要条件

このように、量子ビットになり得る候補はたくさんある。ただ、量子コンピュータを作るためには、単に重ね合わせ状態が作れればよいわけではない。その量子ビットに対して、第４章で見た基本ゲート、つまり「回転ゲート」と「制御ノットゲート」の操作ができなければならない。

ここで、量子コンピュータ実現の必要条件を紹介する。この条件は、ディビンチェンツォが提唱している基準を参考にした。

1. 量子ビットを初期化できること。
2. 量子ビットの状態を読み出せること。
3. 基本ゲート（例えば、回転ゲートと制御ノットゲート）を構成できること。
4. 規模や動作回数が、量子ビットの数が増えた場合に急速に増大しないような物理システム（スケーラブルなシステム）であること。
5. 重ね合わせ状態が壊れるまでの時間（緩和時間）が、１つのゲート動作をするのに必要な時間にくらべて十分に長いこと。

最初の条件は、量子ビットをある決まった状態にできることを要求する。それができなければ、結果も信頼できないから、これは当然の要求だろう。

２番目の条件も、当然といえる。量子ビットの状態を読み出せなければ、計算結果を知ることができないからだ。

３番目の条件は、これができれば任意の量子回路を組み上げられることを意味する。ここでは基本ゲートとして「回転ゲート」と「制御ノットゲート」の組み合わせを例にしているが、第４章でも述べたように、ほかの基本ゲートの組み合わせでももちろんよい。

４番目の条件は、現在の計算機には時間がかかりすぎてできない計算を短時間で実行するという条件に対応している。そのため、物理システム（＝コンピュータ）を構成する部品の数や、また、初期化やゲート操作に必要な手順の数に制限がつく。

５番目の条件は、重ね合わせ状態の破壊に関するものだ。量子コンピュータは、重ね合わせ状態をフルに使った並列計算機だ。だから、計算は重ね合わせ状態が壊れてしまわないうちに終了しなければならない。この問題については、この章の最後で詳しく解説する。

では、さっそく、具体的に提案されている量子コンピュータについて見てみよう。

6.2 光の粒で量子計算

光子の特徴

まず最初に紹介するのは、光子を用いた量子コンピュータだ。

光子を量子ビットとして用いることには、いくつか利点

図6－3　市販の光子検出器

がある。利点の第１は、単一光子を効率よく検出する技術がすでに開発されている点だ。量子計算では、結果を知るために、単一量子の量子状態を検出しなければならない。しかし、相手が電子や原子の場合には、１つだけの状態を高い精度で「検出」するのは困難な場合がある。

一方、光子については、検出器に飛び込んだ際に、高い確率で検出信号を発生するような「光子検出器」がすでに開発されている（図6－3）。既存の偏光素子などと組み合わせれば、誤差が１万分の１以下の精度で量子状態を検出することも十分可能だ。このように、光子は、量子コンピュータ実現条件の２（量子ビットの読み出し）をほぼクリアしている。

利点の２つ目は、光子１つの状態を、容易にコントロールできることだ。単一光子の状態の制御には、光を制御するために用いる部品がそのまま使える。例えば、偏光を非常に高い精度で回転することなども、市販の部品を用いて行うことができる。このような部品は、実現条件３（基本ゲートの実現）のうちの回転ゲートとして用いることができる。

また、ある状態を持った光子を準備することも、単一光子源の開発の進展により実現しつつある。また、その量子状態は先ほど回転ゲートで紹介した部品などを使って高い精度で準備可能だ。つまり、量子ビットの初期化（実現条件１）も、比較的容易である。

３つ目の利点は、量子状態を乱さずに長距離の伝送が可能であることだ。次の第７章で紹介する量子暗号の実験では、光ファイバを使って、重ね合わせ状態にある光子の数十キロメートルの伝送に成功している。このような長距離伝送は、ほかの候補ではなかなか実現できないだろう。これは実現条件の５（長い緩和時間）にあたる。

残された条件は、実現条件３のうち制御ノットゲートの実現、および実現条件４（スケーラブルなシステム）だが、その中でも鍵になるのは制御ノットゲートの実現だ。

回転ゲートは半透鏡で

では、もう少し具体的に、光子を用いた量子コンピュータのしくみを見てみよう。

第３章、第４章でも述べたように、光子が通過する経路を量子ビットとして用いることができる。干渉計の上側に存在する状態を$|0\rangle$、干渉計の下側に存在する状態を$|1\rangle$とすればよいのである。

このような量子ビットに対する回転ゲートの操作は、じつは半透鏡によって行うことができる。例えば、図6-4の

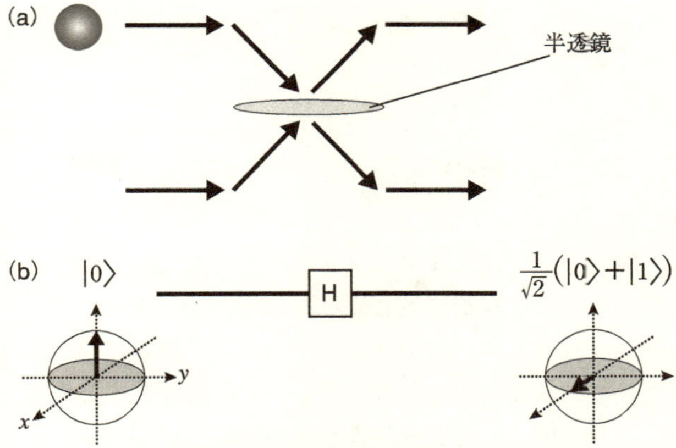

図6−4　半透鏡によるアダマールゲート操作

上側の経路を量子ビット $|0\rangle$ に、下側の経路を量子ビット $|1\rangle$ に対応させると、初め上側の経路に光子を入射した状態は、$|0\rangle$ に相当する。半透鏡から出力された状態は、上側と下側の経路の重ね合わせ状態になる。(b) は、対応する量子回路と、入出力量子ビットの状態。🄷はアダマールゲート（115ページ図4−22）。

ような実験系を考えてみよう。最初、上側に光子がある、つまり $|0\rangle$ の状態は、半透鏡を透過することで $|0\rangle$ と $|1\rangle$ の重ね合わせ状態へと変化する。これは、第４章で説明した回転ゲートの一種である、アダマールゲートに対応している。半透鏡の反射率を調節することで、ほかにもさまざまな回転ゲート操作を行うことができる。

光子を量子ビットの担い手とするもう１つの方法が、偏光を用いる方法だ。例えば、水平偏光を $|0\rangle$、垂直偏光を $|1\rangle$ とすればよい。この場合の回転ゲート操作は、偏光を回転させる既存の素子を用いて行うことができる。

光子に対する制御ノットは究極の光デバイス

次に制御ノットゲートだが、その操作を実現するには、光子1つの量子状態に応じて別の光子の量子状態を変化させる必要がある。じつは、このようなデバイスの実現は非常に困難だ。これは、先ほど3つ目の利点として述べた、長距離伝送が可能であることと強く関係している。光子は、別の光子とは、真空中では相互作用をしないのだ。

このことは、夜空に美しい星を眺められることからも明らかだ。もしも、光子が別の光子と容易に相互作用するならば、星々からの光は何百光年もの距離を伝搬する間に互いに相互作用してしまい、まっすぐ地球まで届くことはないだろう。

ただ、物質中では、光どうしは弱いながら互いに影響を与える。現在、次世代の超高速通信方式として、すべてのスイッチを光だけで制御する全光通信が検討されている。光だけで制御することで、現在いったん電気信号に変換している手間を省き、通信速度を大幅に高めようというものである。その実現のための素子が、「光位相スイッチ」（図6−5上図）だ。

これは、2つの入力と出力を持ち、一方の入力に「制御光パルス」が存在するときに限って、信号光パルスの位相を半波長分だけ変化させる（進める、あるいは遅らせる）、というものだ。信号光に対する制御光パルスがなければ、信号光は変化しない。

光子の量子計算に必要な「量子位相ゲート」とは、この「光位相ゲート」を光子1つで実現する、究極のデバイスだ。

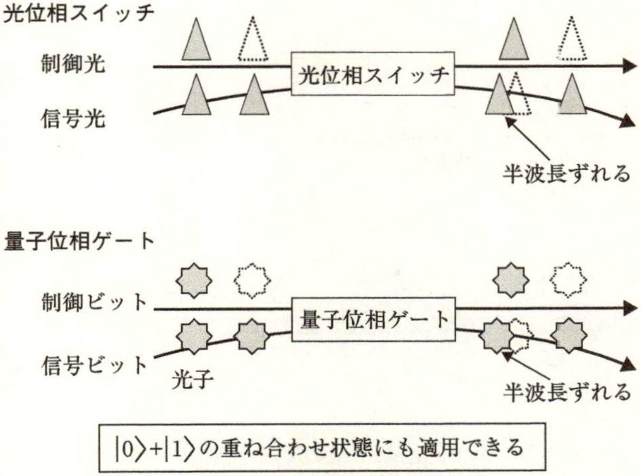

図6−5　量子位相ゲート

制御光子がある場合、信号光子の移動経路が半波長分延び、位相が半波長分遅れることになる。

これは、光位相ゲート同様、２つの入力と出力を持ち、一方の入力に「制御光子」があるときに限って、信号光子の位相を半波長分だけ変化させる。図6−5下図では、半波長遅れる場合を示した。この例の場合、感覚的には、制御光子があるときだけ、信号光子の移動経路が延びる、と考えてもよい。もしこのような素子があれば、既存の部品と組み合わせることで制御ノット操作が簡単に行えることがわかっている。

カリフォルニア工科大学の実験

1995年に、カリフォルニア工科大学のキンブル教授のグループは、非常に小さな鏡２枚の間にセシウム原子の希薄

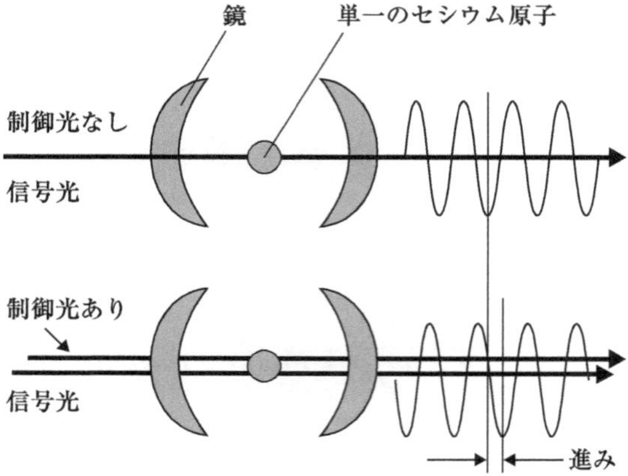

図6−6　微小共振器を用いた量子位相ゲートの実験
カリフォルニア工科大学のグループによって1995年に行われた。制御光がある場合には、ない場合と比べて信号光の位相に変化が観測された。

なガスを導入する方法で、量子位相ゲートの先駆的な実験に成功している（図6−6)。セシウムガスの濃度は、鏡の間に平均１個以下のセシウム原子しか存在しないような濃度にしてある。また、それらの鏡は、光をほとんど反射するが、ごくわずかに透過するようなものだ。こうすると、光子は鏡の間で何度も反射した後、外に出てくるので、その間に原子に吸収されやすくなる。

セシウム原子の一番外側を回っている電子は、特定の波長の右回り偏光の光子がやってくると、その光子を吸収する。光子を吸収した電子は、もうすこしエネルギーの高い軌道へ移り、しばらくすると光子を放出して元の軌道へと戻る。そのとき、元の信号光子をそのまま放出するため、放出された光子からすると、すこし回り道をしたような結果になり、「遅れ」が生じる。

今、光子が２つ続けざまにやってくる場合を考えよう。電子は最初の光子を吸収すると、エネルギーの高い軌道へと移ってしまい、２つ目の光子を吸収することはもはやできない。最初の光子を「制御光子」、２つ目の光子を「信号光子」とみなすと、「信号光子」はセシウム原子の存在を感じることができないので、「遅れ」もなくなる。制御光子が存在しない（通常の）場合を基準に考えると、制御光子が存在する場合には、信号光子は通常の場合にくらべて「進む」、つまり位相が変化することになる。

まとめると次のようになる。制御光子が存在するときだけ、そうでない場合に比べて信号光子の位相が変化する。これが、彼らの「量子位相ゲート」実験の原理だ。

この実験では、鏡の中に平均１個の光子しか存在しないような微弱なレーザー光を、制御用、信号用に用いた。そして、制御用の光を入射すると、入射しない場合と比べて信号用の光の位相が変化することの検出に成功した。

これは、光子の量子位相ゲートの原理を初めて実証したすばらしいものだが、まだ改良の余地がある。例えば、位相シフトは原子が鏡の間を通りすぎる瞬間だけでしか観測できなかった点や、実験に単一の光子ではなく微弱な光を用いている点だ。

私たちの挑戦１　――ミクロな球を用いた量子位相ゲート

現在、北海道大学の私たちの研究室では、小さなガラス球を用いてこの量子位相ゲートを実現する試みに取り組ん

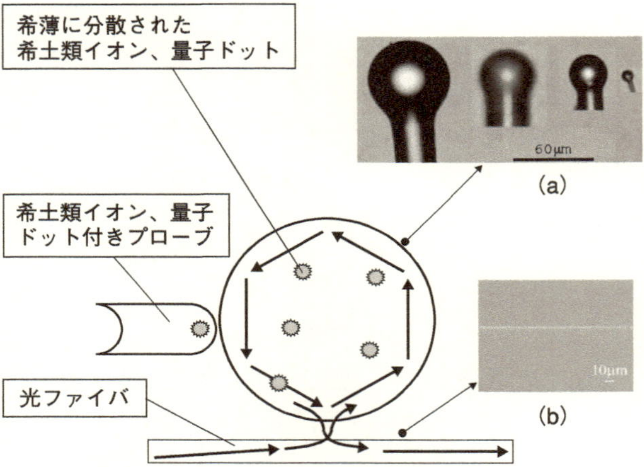

図6−7　微小球量子位相ゲート

光子は微小球表面での全反射により閉じ込められる。(a) は作製した枝つきシリカガラス微小球。さまざまなサイズから最適なものを選ぶ。(b) は超極細テーパー光ファイバ。

でいる。

水に潜ったときに、水面がまるで鏡のようにきらめいて見えたことがないだろうか。水中での光の速度は、空気中よりも遅い。そのため、ある一定の角度より大きい入射角の光は、水面で完全に反射されてしまう（全反射）。微小なガラス球でも同じような現象が起こり、中に入った光あるいは光子を、長い時間閉じ込めておくことができる。

その微小なガラス球に数マイクロメートルの細さにまで引き伸ばした光ファイバを近づけると、ガラス球の中に光子を注入したり、取り出したりできるようになる。

現在、セシウム原子と同じような役割をする「イオン」

や「量子ドット」をガラス球の中に非常にまばらに埋め込んだり、単一の希土類イオンや量子ドット付きプローブを微小球に近接させることで、同じような位相シフト効果を観測しようと、実験に取り組んでいる（図6－7）。

カリフォルニア工科大学の量子位相ゲートでは、「原子が鏡の間を通りすぎる瞬間だけしか動作しない」ことが大きな問題だった。それに対して、ガラス中に埋め込まれたイオンや量子ドットを用いることができれば、いつでも動作する量子位相ゲートを実現できる可能性がある。

私たちの挑戦２　――半透鏡も量子位相ゲートに

光子の量子位相ゲートとしては、特殊な半透鏡だけを用いる方法も提唱されている。

今、光子を50パーセントの確率で反射し、50パーセントの確率で透過するような半透鏡に、光子を２つ同時に入射したとしよう（図6－8）。普通の粒子の場合、２つのポートから１つずつ出て来る場合と、片方のポートから２つ出てきて、もう一方のポートからは何も出てこない場合の確率は同じはずだ。

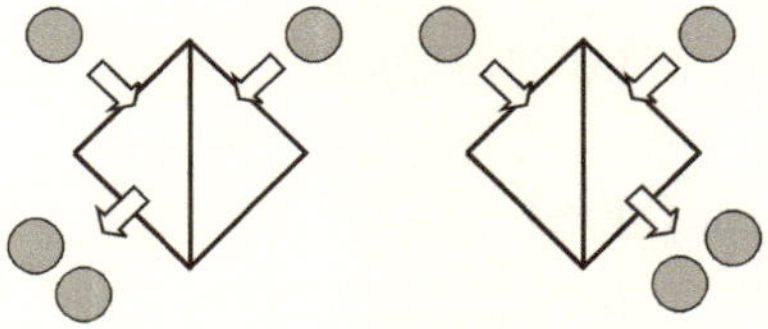

図6－8　半透鏡に光子2つを入射した場合
光子は、必ず対になってどちらかの経路から出てきてしまう。

ところが光子で実験してみると、不思議なことに、必ず２つの光子が一緒に出てくる。これは、２つの光子が本質的に互いに区別できないことが原因となり、光子が２つとも半透鏡を透過するような確率振幅と、光子が２つとも半透鏡で反射されるような確率振幅が完全に打ち消し合ってしまうためだ（ここではこれ以上の説明は長くなるので避ける）。

私たちの研究室のホフマンさんは、この半透鏡を、反射率と透過率が半分ずつではなく、反射率が1/3、透過率が2/3のようなものに変えると、２つの光子が１つずつ出力されることもあり、その場合だけに着目すれば、「量子位相ゲート」として働くことを理論的に指摘した。この提案は、ほぼ同時に同じアイデアを提案したオーストラリアのクイーンズランド大学のミルバーン教授らのグループによって、実験的に確かめられた。

しかし残念ながら、この量子位相ゲートは、２つの光子が半透鏡の出力から１つずつ出力される場合しか動作しない。そのような場合が生じる、つまり成功するのは、９回に１回だけだ。

じつは我々の提案から１年ほど前に、前述のミルバーンおよびアメリカのニル、ラフラメらは共同で、複数の半透鏡を組み合わせた干渉計と、装置内部だけで用いる単一光子源、および、光子数を分別可能な検出器を組み合わせた量子位相ゲートを提案していた。その際、装置の中で使う単一光子源の数を増やすことで、成功確率を１に近づけられることを理論的に指摘している。

ただ、この方法も、大規模な量子回路を形成するにはまだまだ課題が多い。

光子を用いた量子アルゴリズム実験

ここで、私が1998年に行った、光子を用いた量子アルゴリズムの実験を紹介しよう。実験は３量子ビットの、ドイチュ-ジョサのアルゴリズムだ。

今、[0] と [1] からなるビット列が、「すべて [0] またはすべて [1]（均一）」か、もしくは「[0] と [1] が同じ個数（等分）」のどちらかだとしよう。ドイチュ-ジョサのアルゴリズムは、量子ブラックボックスの中身として与えられたビット列が、それら２つのうちのどちらなのかを判定するものだ。ドイチュ-ジョサのアルゴリズムの詳細については、第５章の5. 2 節「ドイチュ-ジョサのアルゴリズム」を参照してほしい。

私の作った実験装置は、ドイチュ-ジョサの量子アルゴリズムを忠実に光学部品で再現したものだ（次ページ・図6－9)。この実験で判定するのは４ビットのビット列で、その値は装置中の４つの電気光学素子に印加する電圧として与えられる。では、どのようにそのビット列が判定できるのかを、図5－4（138ページ）のドイチュ-ジョサのアルゴリズムの量子回路と対応させながら、順を追って説明しよう。

先ほど説明したように、光子間の制御ノットゲートはその段階では実現されていなかったため、実験では量子ビットとして１つの光子の「経路」と「偏光」を用いた。入力が $4=2^2$ 個なので、図5－4のアドレスビット（$|a\rangle$）としては、２量子ビット必要だ。その量子ビットは、３つの半

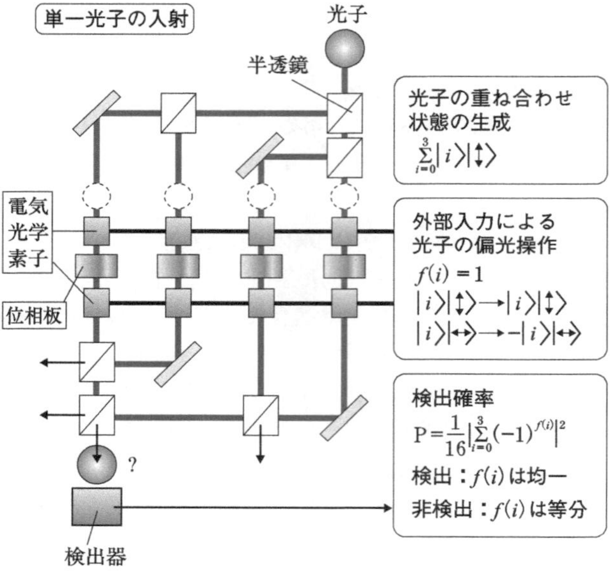

※矢印で示した部分は出力ポート

図6−9　単一光子と線形光学素子による量子計算アルゴリズムのデモ実験装置

透鏡を用い、4本の経路で実現した。また、レジスタビット（$|b\rangle$）としては、光子の偏光を用いた。つまり、入力した光子の位置（4つの経路）と偏光（垂直・水平）の状態の組み合わせが、3つの量子ビットのとる$|000\rangle$、$|001\rangle$、…、$|111\rangle$の8個の異なる状態のそれぞれに対応する。

では、この装置（量子コンピュータ）の動作について説明しよう。まず、判定したいビット列を、装置中の電気光学素子に与える電圧としてセットする。これは、量子ブラックボックス（137ページ・図5−3）を準備することに相当する。

そして、垂直偏光（$|b\rangle=|0\rangle$）の光子を１つ、最初の半透鏡（$|a_0, a_1\rangle=|0,0\rangle$の経路）に送り込む。これは、図5−4で初期状態$|0,0,0\rangle$を準備したことに相当する。これで、計算の開始だ。

装置ではまず、３つの半透鏡が、光子の状態を４つの経路を通る状態の重ね合わせへと変化させる。これは、図5−4でのステップA、アドレスビットへのアダマールゲートに対応している。

次の４つの電気光学素子は、図5−4のステップB，量子ブラックボックスに相当する。そのブラックボックスに隠された４つのビット列が、「均一」なのか「等分」なのかを、ドイチュ-ジョサの量子アルゴリズムに沿って判定するのが、この計算の目的だ。これらの電気光学素子は、あらかじめ与えられた４つのビット値に応じて、４つの経路のそれぞれで光子の偏光を制御する。つまり、対応するビット値が［1］であれば、光子の偏光を垂直（$|0\rangle$）から水平（$|1\rangle$）へと変化させる。

さらに、図5−4のステップC「制御位相シフト」に相当する操作が、「位相板」とよばれる光学部品によって行われる。これは、偏光が水平の場合、経路の長さがちょうど波長の半分だけ長くなるような素子だ。これによって、偏光が水平、つまりレジスタビット$|b\rangle$の状態が$|1\rangle$の時だけ、その状態の「位相」が反転する。

その後、図5−4のステップDの「量子ブラックボック

ス」に対応し、再び４つの電気光学素子によって、それぞれの経路で偏光は垂直（$|b\rangle = |0\rangle$）へと戻される。

最後は、３つの半透鏡でそれらの状態が干渉される。これは、図5－4のステップＥで、アドレスビットのそれぞれにアダマールゲート操作が施されるのに対応している。

ある特定の出力ポート（アドレスビット$|0{,}0\rangle$に対応）には光子検出器を設置し、光子が出てくるかどうかを見張っておく。すると、もし入力した光子が出てきた場合、結果は「均一」、出てこない場合は「等分」だとわかる。

1998年にこの装置を構築して実験を行い、ドイチュ-ジョサのアルゴリズムを実証することに成功した。実験では、装置の中に光子が２個以上存在することがほとんどないように非常に微弱にしたレーザー光を用い、実験結果の判定には、光子を検出するとパルスを出す検出器を用いた。これは、単一の量子を用いたデモンストレーションとしては、初めてのものだと思われる。実験によって、数パーセントの誤差でこの装置が正しく動作することが確認できた。

ただ、残念ながらこの方法は量子計算実現条件４の「スケーラブルなシステム」を満たしていない。量子ビットの数を３から４、５、……と増やしたとき、必要となる経路の数は４から８、16、……と指数的に増えるからだ。したがって、この方法では、多数の桁数の因数分解ができるような量子コンピュータは実現できない。

この実験を提案したのは1995年だったのだが、その頃は「量子コンピュータ」はとても理論的、数学的なもので、具体的なイメージに乏しかった。例えば、「量子状態は観測すれば壊れる。だから、量子コンピュータは見られていると動かないはずだ」などという懐疑の声まで聞かれるほどだった。当時のそのような状況の中で、「なんとか、量子計算、ドイチュ-ジョサのアルゴリズムを物理的にやってみせることはできないか」と考えたのがこのアイデアだった。

現在は、量子コンピュータを光子を用いて実現しようという研究は、先ほど紹介したミルバーンの提唱した方法や私たちの微小球デバイスなど、素子数や光子の数が指数的に増大しない、つまり実現条件４を満たす方法の研究が主流だ。しかし、少数の量子ビットで行える、量子通信などの研究には、今紹介した方法も用いられている。

6.3 分子中の核スピンを用いた量子計算

スピン

スピンとは、凍結した路面上での車の「スピン」や、フィギュアスケートの演技の「スピン」のように、そのもの自体がくるくると自転することだ。しかし、ここで紹介する「スピン」は物理用語で、「量子化された自転」のことを指す。

円形に巻いたコイルに電流を流せば磁石になることは、みなさんご存じだろう。「右ねじの法則」にしたがって、Ｎ極とＳ極が現れる。電子も一種の「自転」をしているので、同じような理由で、電子が回転すれば、周りに磁場ができる。そのため、「右回りの電子」と「左回りの電子」

は、互いに逆向きの小さな「磁石」のように振る舞う。

スピンと量子化

このスピンの場合にも、第３章で見た「量子化」が生じる。

電子の場合、ある軸周りの自転は、量子化によって、ある一定の速さの右回りと左回りの２種類しか許されない。ただし、「右回り」と「左回り」の重ね合わせ状態をとることができる。この後の便宜のために、下から見て「右回り」の自転を「上向きスピン」、左回りを「下向きスピン」とよぼう（図6－10）。

このようなスピンの量子化は、実験でも確かめられている。工夫された磁場の中に粒子を通すと、その粒子の持つ「磁石（スピン）」の向きによって、検出される場所が変わるような装置を作ることができる。磁石が上向きであれば上の方に、下向きであれば下の方に検出されるというしくみだ。横向きの場合は、上向きと下向きのちょうど中間あたりで検出される。

電子源から出た電子を、この装置に入射する場合を考え

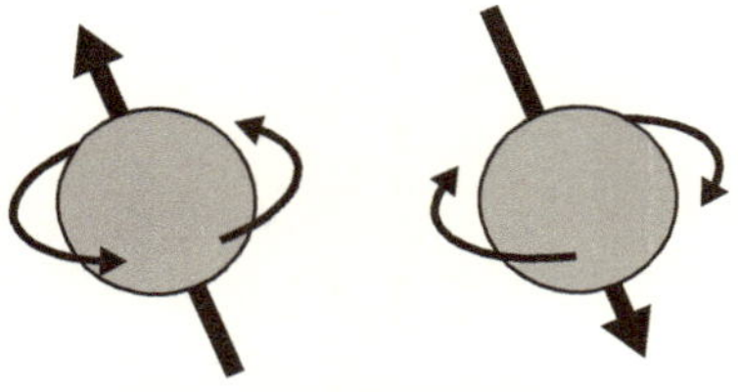

図6－10　電子のスピン
下から見たときに時計回りに自転するものを「上向きスピン」、反時計回りを「下向きスピン」と呼ぶ。

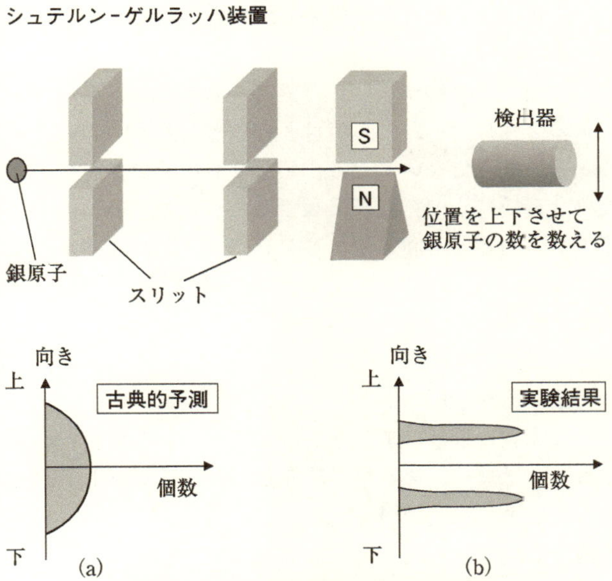

図6－11　スピン量子化の検証実験

よう。最初、電子のスピンはとくにある一定の方向にはそろっておらず、「てんでんばらばらの向きを向いた磁石」のようなものだと考えられる。その場合、上や下を向いているものだけでなく、斜めや横を向いた状態も多数存在するはずだ。だから、装置を通過したのち、電子が検出される数の分布は、図6－11（a）のようになるだろう。

しかし、実験をしてみると、電子は２つの場所にだけ偏って検出されるのだ（図6－11（b））。実験は、電子の代わりに銀原子（銀原子全体としてのスピンの向きは、一番外側を回る電子のスピンだけで決まることがわかっている）を用いて行われ、実験者の名前をとって、シュテルン-ゲルラッハ実験とよばれている。

「元の銀原子の持つスピン（磁石）の向きが、上向きと下向きの２種類だったからでは」と思われるかもしれない。しかし、そうでないことは、銀原子源はそのままに、実験装置を真横にして行った実験で確かめられている。もし銀原子が上向きと下向きのスピンを持っていたなら、今度は分裂は起こらないはずであるが、実際には「左向き」「右向き」の２つに分かれるのである。

スピンと量子ビット

この実験結果は、スピンが単なる古典的な棒磁石のようなものではなく、第４章で紹介した「量子ビット」だと考えると簡単に説明がつく。

例えば、横向きのスピンが最初の実験装置に入ったとしよう。スピンを「量子ビット」と考えると、横向きの状態は、上向きの状態と下向きの状態の重ね合わせ状態で表される。だから、スピンが「上向き」か「下向き」かを分析する装置では、どちらかの結果が1/2の確率で得られる。つまり、最初どの向きだったにしても、「上向き」か「下向き」の結果が得られることになる。

そう、この実験はちょうど光子の偏光の実験（61ページ・図3−8）に対応している。最初、光子にどんな偏光を与えておいたとしても、偏光ビームスプリッタに入射すれば、垂直偏光と水平偏光のいずれかの結果が得られたのとまったく同じ原理だ。

また、シュテルン-ゲルラッハ装置を真横にして実験を行った場合は、「左向き」「右向き」の結果が得られる。これは、光子で実験を行った際、プラス45度偏光、マイナス45度偏光のどちらであるかを測定した場合に対応している。

量子ビットとしてのスピンは、量子ビットのところで説明した球面上の１点を指す矢印（104ページ・図4－16）と完全に１対１に対応しているので、理解しやすいだろう。

核スピン

電子だけではなく、陽子や中性子など、ほかの基本粒子もそれぞれスピンを持っている。陽子や中性子が集まってできている「原子核」も、全体としてスピンを持つ。量子ビットの候補はさまざまあるが、それらの中でも、この原子核スピンは、とても有力な候補だ。

というのは、原子核スピンには、重ね合わせ状態が比較的長い時間保持されるという特徴があるからだ。例えば、水の中での水素原子の場合、数秒間程度、保持される。たった数秒間か、と思われるかもしれないが、固体中の電子スピンなどに比べると、100万倍以上も長い時間である。「核スピン」には、「核」という字が入っているが、原子爆弾（核爆弾）とは何の関係もないことを断っておこう。核爆弾は、原子核を構成している陽子や中性子を変質させたり、原子核自体を分解したりして巨大なエネルギーを得る。要するに、原子核自体を変化させてしまうわけだ。

一方、量子計算では原子核スピンを操作する。操作するといっても、言ってみれば電磁石を近づけてその極微な磁石としての（全体の）向きを変えるということで、原子核自体はまったく変化を受けない。

原子核スピンの「微小磁石」としての性質は、じつは身近なところでよく使われている。病院で、体内の断面図を撮影するのに用いるMRIがそれだ。MRIとは、nuclear Magnetic Resonance Imaging method、核磁気共鳴画像化法を略した語で、体内の水素原子の分布（やその含まれ方）を、水素原子の「微小磁石」としての性質を用いて可視化するものだ。人間の体のほとんどは、水からできている。水分子は、水素原子２つと酸素原子１つからできている。ほかにも、脂肪、筋肉なども潤沢に水素原子を含んでいて、これらの組織のようすを明確に画像化できるのだ。

ところで、電子スピンの場合には状態は「上向き」と「下向き」の２つしかとれなかったが、核スピンの場合には、原子の種類によっては、もっと多くの状態をとれるものも存在する。ただ、以下の説明では、混乱を避けるために、基本的に電子スピンと同様に２種類の状態しかとれないもの（「大きさ1/2の核スピン」とよばれる）に話を限る。

核スピンを用いた量子コンピュータ

スタンフォード大学のチャンは、核磁気共鳴（Nuclear Magnetic Resonance, NMR）装置を用いて量子計算を行うアイデアを、1996年に提案した。

では、この計算機のしくみを紹介しよう。図6－12に示すように、適当な溶媒に溶かし込まれた、10^{20}個程度の分子１つ１つが「量子コンピュータ」として働く。しかし、それらの量子コンピュータの個々の結果の測定はこの方式

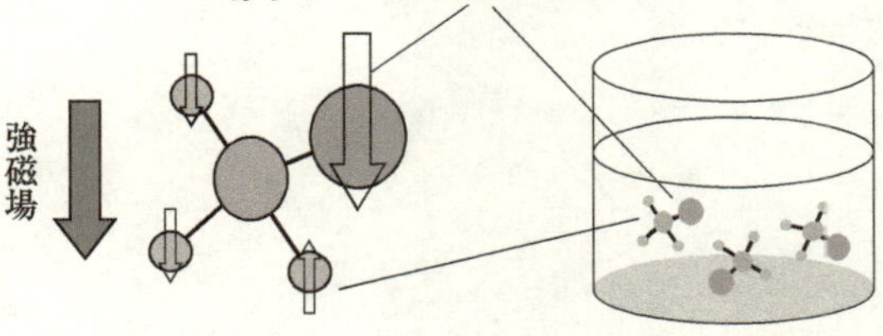

図6－12　NMR量子コンピュータの概念

ではできず、結果の平均値しか得られない。この点で、これまで考えてきた量子コンピュータとはすこし異なっている。

量子ビットは、分子中の原子の核スピンだ。それらの核スピンの制御は、図6－13（次ページ）に示すような核磁気共鳴装置を用い、適当な高周波パルスを試料に印加することで行う。また、試料から発生するマイクロ波を検出して、核スピンの状態を読み出す。このとき発生するマイクロ波は、パルス印加に用いたコイルに交流電流を発生させるので、それを検出すればよい。

磁力線（磁場）中での原子の持つエネルギーは、原子の核スピンが磁力線（磁場）と同じ向きか、反対向きかによって異なる。スピンを微小磁石と考えると、磁力線と同じ向きを向こうとする性質がある。つまり、磁力線と逆向きの位置から同じ向きに動くときに、なんらかの「仕事」ができる。エネルギーとは仕事をする能力のことなので、磁力線と逆向きの状態では、磁力線と同じ向きの状態よりも

図6－13　NMR装置

写真提供／大阪大学・北川勝浩教授

大きなエネルギーを持っていることになる。このエネルギー差は、発見者の名前からゼーマンエネルギーとよばれる。

また、そのような特定のエネルギーや、そのエネルギーに対応した状態のことを「エネルギー準位」とよぶ（図6－14）。

例えば、2階にある物体は、1階にある物体よりも位置エネルギーは大きい。この1階や2階にあたるのが「エネルギー準位」だと思ってもらえばよい。

ゲート操作の方法について、すこし詳しく説明しよう。その理由については割愛させていただくが、じつは、上向きと下向きのエネルギー差（ゼーマンエネルギー）に対応した周波数を持つ電磁波を、一定時間試料に照射すると、

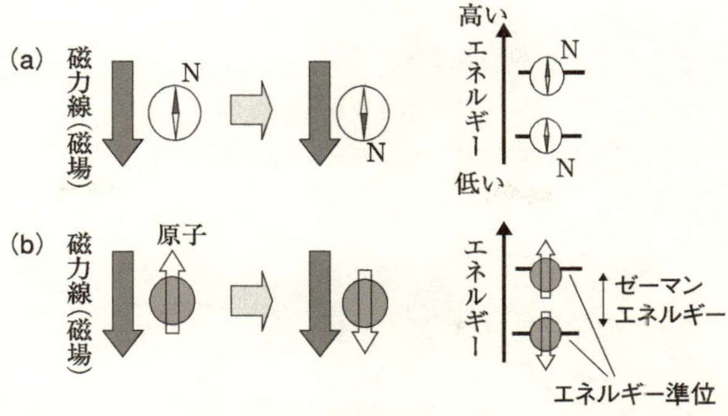

図6−14　磁場中のスピンとエネルギー準位

(a) 方位磁石の磁力線が磁場と逆向きになるよう、N極を上にして置いても、磁場と同じ方向へとひっくり返る。つまり、磁場の方向と磁石が逆向きのときの方がエネルギーは高い。(b) 原子のスピンの場合も同様で、スピンが磁場と逆向きのときの方が、同じ向きのときに比べてエネルギーは高い。

スピンは上向きから下向きへ、あるいは下向きから上向きへと、180度入れ替わる（回転する）。これは、例えばスピン下向きの状態を$|0\rangle$、スピン上向きの状態を$|1\rangle$と考えると、量子回路の回転ゲート操作になっている。

ここで、周波数がすこしずれるとスピンの回転は生じなくなる、ということを覚えておいてほしい。

次に、もう１つの基本ゲートである、制御ノットゲート操作の方法を簡単に説明する（図6−15）。

今、A、B２つの原子の核スピン間で、制御ノット操作をするとしよう（図6−15（a））。全体に磁場がかかっているため、下向き（状態$|0\rangle$）の方が上向き（状態$|1\rangle$）よりエネルギーは小さい。また、そのエネルギー差は原子によって異なり、それぞれE_a、E_bとする（図6−15（b））。

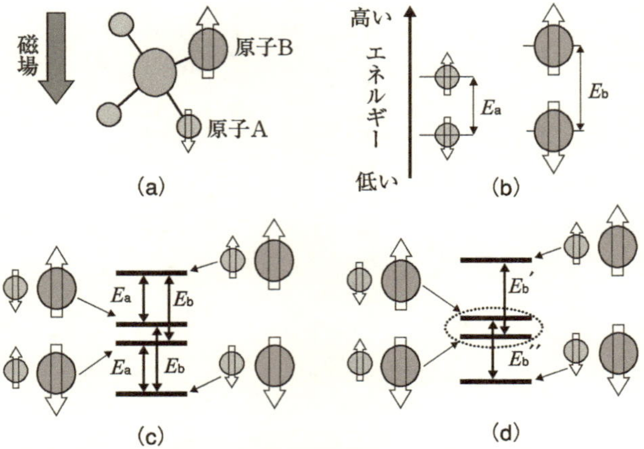

図6－15　NMR量子計算での制御ノットゲート操作のしくみ

(a) 対象となる分子と、原子核スピンA、B　(b) それぞれのスピンの向きと、エネルギー準位　(c) 2つのスピンの状態をひとまとめにして見た場合のエネルギー準位　(d) スピンA、B間で相互作用が存在する場合のエネルギー準位

まず、2つの原子が十分にへだたっていて、その核スピンどうしが互いに影響を及ぼしあっていない（相互作用がない）場合を考えよう。その時の2つの核スピンのエネルギー全体を図にしたのが図6－15（c）だ。核スピンどうしの相互作用を考えない場合、一番エネルギーが低いのは、スピンA、スピンBともに下向きの状態だ。次に低いのは、Aが上向きでBが下向きの状態で、その次が、Aが下向きでBが上向き。もっともエネルギーが高くなるのは、両方のスピンが上向きのときだ。

この場合、スピンBの状態にかかわらず、スピンAが上向きの状態と下向きの状態のエネルギー差は E_aだ。したがって、E_aに対応した電磁波を入射すると、スピンＡだけを変化させることができる。原子Ｂについても同様だ。これは、先ほど説明した、１つの核スピンに対する回転ゲート操作だ。

ここまでは、２つの核スピンどうしに働く力については考えていなかった。しかし、同じ分子内の原子の核スピンどうしは、いわばきわめて短い距離で隣接する棒磁石のようなものだ。２つの棒磁石を近づけておくと、Ｎ極はもう１つの磁石のＳ極に、逆にＳ極はもう１つの磁石のＮ極に引き合い、結果として互いに逆向きに並ぼうとする。

同じ理由で、核スピンどうしも、互いに反対の向きにあるときのほうが、同じ向きのときよりもわずかにエネルギーは小さくなる（棒磁石のたとえの場合でも、間に薄い鉄の板が存在するときなどは、逆に、Ｎ極どうし、Ｓ極どうしが引き合うこともある。同様に、分子を取り巻く状況によっては、逆の場合もある）。このわずかなエネルギーを考慮すると、４つのエネルギー状態は図6－15（d）のようになる。

原子間の核スピン同士の相互作用を考慮しない場合（図6－15（c））には、スピンＡが上向きでも下向きでも、スピンＢが上向きの状態と下向きの状態のエネルギー差はE_bで同じだった。ところが、核スピン同士の相互作用を考慮した場合（図6－15（d））、スピンＢが上向きの状態と下向きの状態のエネルギー差は、スピンＡが上向きならE_b'、下向きならE_b''と、スピンＡの向きによって異なる。

今、図6－15（d）で、スピンＡが上向きのときのスピンBのエネルギー差E_b'に対応した電磁波を照射する場合を考えよう。スピンAが上向きの場合には、スピンBは上向きから下向き、あるいは下向きから上向きに変化する。しかし、スピンAが下向きの場合には、スピンBが上向きになるためには、エネルギー差E_b''に対応した電磁波が必要になるため、スピンBはなんの変化も受けない！

では、核スピンを量子ビットとして用いる場合を考えよう。下向きの状態を$|0\rangle$に、上向きの状態を$|1\rangle$に対応させる。すると、この操作は、スピンAを制御ビットに、スピンBを信号ビットとした制御ノットゲート操作になっている。

「理屈はわかった。だが、分子内のスピン間の相互作用は、ずっと存在していて、スイッチのように切ったり入れたりできないのでは？」という疑問をお持ちになるかもしれない。非常に鋭い指摘だ。じつは、デカップリングとよばれる方法を用いると、見かけ上相互作用を切ったり入れたりすることが可能になる。ただ、そのしくみはかなり複雑なので、ここでは割愛する。

量子ビットの読み出しは、その量子ビットを位相シフトの操作で横向きに倒すことによって行う。対象となる量子ビットが$|0\rangle$と$|1\rangle$のどのような重ね合わせ状態であるかは、そのスピンの回転にともなって出される高周波信号の振幅と位相から知ることができる。ただし、その結果は分子１つ１つの平均値で与えられるため、いわば、多数の量子計算の結果の平均値を読み出すことになる。

溶液中の分子を用いた、このNMR量子計算は、1998年に初めての実験が３量子ビットで報告された。その後2001

年には、７量子ビットの「因数分解アルゴリズム」を実行し、15（＝３×５）の因数分解に成功している。この実験は、これまで行われた中で最大規模の量子計算である。

小規模な量子アルゴリズムを実行する場合には、一般の化学分析に用いられているNMR装置と、市販の薬品で実験が可能だ。この「実験のしやすさ」は、核スピンを用いた量子計算の大きな特徴である。

また、先ほど紹介した、光子を用いた量子コンピュータが、量子ビットの担い手である光子をあちこちに動かしてゆく「弾道型」であるのに対して、量子ビットの担い手である分子は動かない「固定型」である点も特徴といえる。

ただ、現時点ではまだ問題点もある。まず、計算結果は常に平均値として得られるため、NMR量子計算での検証には向かない量子計算アルゴリズムやしくみが存在すること。また、分子中の原子の核スピンを用いるため、量子ビットの数を増やそうとすると、１つの分子に含まれる原子の数を増やさなくてはならず、分子はどんどん大きく複雑になってしまうこと。さらに、効率的な初期化の方法が確立していないことなどが挙げられるだろう。

6.4 固体・集積化への路

量子集積回路を目指して

ここまで、光量子コンピュータとNMR量子コンピュータを取り上げたが、みなさんが持っているコンピュータのイメージとはかなり違っていたのではないだろうか。

パソコンの心臓部「ペンティアム」に代表されるように、現在のコンピュータといえば、小さな黒い集積回路（IC）の中に微小な配線や素子が無数に埋め込まれたものだ。このようなICどうしが電気的な配線でつながれて、計算機として動いている。

ICのような小さな集積回路の最大のメリットは、なんといっても小型化だろう。同じ機能のコンピュータで、片方が東京ドーム１個くらいの大きさ、もう一方が今のコンピュータと同じ大きさであれば、誰でも後者を選ぶだろう。

実際、小さな固体の集積回路として、量子コンピュータを作る試みも進められている。この節ではそういった挑戦について見てみることにしよう。

シリコン量子コンピュータ

シリコンは、さまざまな不純物イオンを混ぜ込む（ドープする）ことによって、電気的な性質をさまざまに変えることができる。半導体の代表選手で、今のコンピュータに使われているLSIの材料そのものだ。そのため、その精製や微細加工技術は、ほかの材料に比べて非常に進んでいる。例えば、99.999999999パーセントと、９が11個も並ぶほどの高純度の材料もすでに使われているほどだ。

このシリコンを用いて量子コンピュータを作るアイデアが、シリコン量子コンピュータだ。量子ビットとしては、シリコン中にドープされたリン原子の核スピンを使う。リン原子はいくつかの同位体（原子核中の陽子の数は同じだが、中性子の数が異なるような原子）として存在するが、

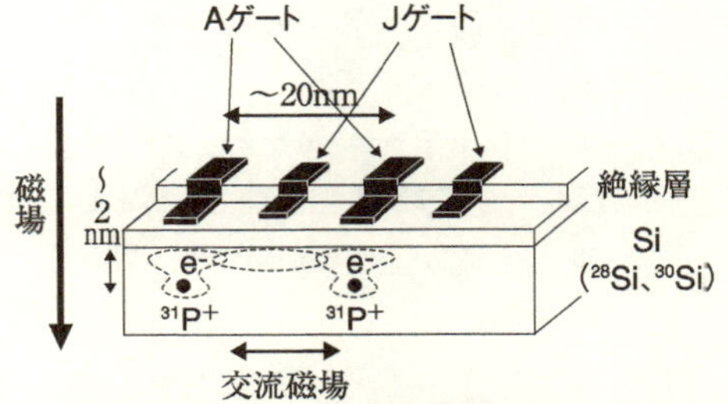

図6−16　シリコン量子コンピュータ

原図／B. E. Kane

その中でも大きさ1/2の核スピン（上向き、下向きの２通りだけを持つ核スピン）を持つ 同位体「リン31」を用いる。31という数字は、原子核中に含まれる陽子と中性子の総数を表しており、リン31の場合、陽子が15個、中性子が16個含まれている。

核スピンの上向きの状態、下向きの状態がそれぞれ量子ビットの$|1\rangle$と$|0\rangle$に対応する。基本的な原理はＮＭＲ量子コンピュータと似ているが、その外観は、現在使われている半導体デバイスとそっくりだ（図6−16）。

この提案のポイントは、特別に、核スピンを持たないシリコンの同位体（シリコン28やシリコン30。28や30は、陽子と中性子の総数）だけでできた基板を用いることだ。それによって、リンの核スピンの重ね合わせ状態が壊れにくくなると考えられている。提案者のケーンの計算では、最長10日程度もの長い時間、重ね合わせ状態を維持できるかもしれないという。

ゲート操作の方法を簡単に説明しよう。まず回転ゲートだが、これはNMRの場合と同様に、外部磁場によって生じる上向きスピンと下向きスピンの「エネルギー差」に共鳴する高周波電磁波を照射して行う。上向きスピンと下向きスピンで大きくエネルギーが異なる、つまりエネルギー差が大きいときは、周波数の大きな電磁波とだけ共鳴する。逆に、エネルギー差が小さいときは、周波数の小さな電磁波とだけ共鳴する。

しかしこれでは、すべてのスピンが一様に操作されることになってしまう。それを解決するのが、デバイスにつけられた電極だ。

まず、制御したいリン原子の上部に位置する電極（Aゲート）に正の電圧を印加する。リン原子に局在している電子は、印加された電圧に引っ張られ、結果としてリン原子付近の電子の密度が減少する。じつは、局在している電子は、リン原子に働く外部磁場を緩和する作用を持っている。そのため、リン原子周囲の電子密度の減少にともなって、リン原子に作用する実効的な外部磁場の大きさが変化し、結果として「上向きスピンと下向きスピンのエネルギー差」が変化することになる。

エネルギー差が変化するのは、電極の真下にあるただ1つのリン原子だけだ。この状態で、変化した後の「エネルギー差」に相当する高周波電磁波を照射すれば、その核スピンだけに回転ゲート操作が行われ、ほかのリン原子の状態は変化しない。「核スピンを用いた量子コンピュータ」（204ページ）で触れたように、ここで周波数がすこしでもずれると、回転ゲートの操作が生じなくなることを思い出してほしい。

次に、制御ノット操作である。リン原子に局在する電子は、数十ナノメートルに広がって局在していて、隣接するリン原子の核スピンどうしは、この電子を媒介として相互作用している。隣り合うリン原子の間に設けられた電極（Ｊゲート）に正の電圧を加えると、局在電子どうしの重なり方が大きくなり、隣り合うリン原子どうしに相互作用するようになる。このようにリン原子どうしが相互作用すると、上向きスピンと下向きスピンの「エネルギー差」はわずかに変化する。

これは、ちょうどＮＭＲ量子計算で制御ノットゲート動作を説明したときの状況（208ページ・図6－15（d））に対応している。変化した後の「エネルギー差」に相当する周波数の電磁波を照射することで、一方のリン原子の核スピンが上向きの場合のみ、もう一方の核スピンを回転させる、つまり制御ノット操作を行うことができる。ちなみに、Ｊゲートに負の電圧を加えると、電極付近からはそれぞれの局在電子が遠ざかるので、それぞれのスピンに別々に回転ゲート操作を行う際に余分な、隣どうしのリン原子間の相互作用を遮断することができる。

このように、Ａゲートを用いて制御したい原子を選択し、またＪゲートを用いて隣り合う原子間の相互作用をオン・オフすることができるので、それらをうまく組み合わせることで、個々の原子に対する基本ゲート操作が可能になっている。

核スピンの読み出しの方法について、ケーンは、非常に小さなナノスケールのコンデンサを用いる方法を提案しているが、ここではその詳細は割愛する。

シリコン中に埋め込まれたリン原子を用いた量子コンピ

ュータの実現にあたっては、まず「どうやってその構造を作るのか」が問題だが、これについてはすでにオーストラリアで具体的にプロジェクトが進行中だ。

また、日本でも、慶応大学の伊藤助教授のグループが、スタンフォード大学の山本教授と共同で、リンイオンをシリコン同位体で置き換えた「全シリコン量子コンピュータ」を提案し、その実現に取り組んでいる。

超伝導量子ビット

シリコン量子コンピュータは、まだ残念ながら量子ビットの操作実験には成功していない。一方、すでに回転ゲート実験に成功した固体量子ビットがある。それが超伝導量子ビットだ。この研究は、つくばにあるNEC基礎研究所の蔡氏・中村氏らによって進められている（図6−17）。

超伝導体の中の電子は、必ず2つが対になって行動するという奇妙な状態になっている。この対のことを「クーパー対」とよぶ。量子ビットとしては、超伝導体の微小な「箱電極」の中の「クーパー対の数」を使う。

装置では、この箱電極は非常に薄い絶縁膜を介して、グラウンド電極（クーパー対の供給源）に接している。その場合「箱電極」の電位は、その近くに設置されたゲート電極に加える電圧で制御できる。箱電極の中のクーパー対の数は、絶縁膜を量子トンネル現象で通り抜けながら、箱電極の電位にしたがって増減する。ある電位（V_2としよう）では例えば5001個が「最適」だが、もうすこし電極電位が低く（V_1）なると5000個に減る、といった具合だ。この場合、5001個が量子ビット$|1\rangle$に、5000個が$|0\rangle$になる。

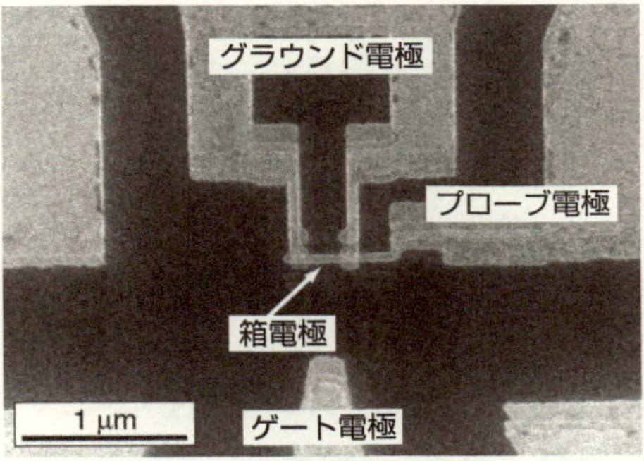

図6－17　超伝導量子コンピュータ
写真提供／中村泰信氏・『パリティ』2000年4月号より

その状態の観測は、プローブ電極を用いて行うことができる。プローブ電極の電位を適切に制御すると、状態が$|1\rangle$の場合だけ、プローブ電極に（余剰の）電荷が移動するようにできる。その電荷の移動の様子を、電流として観測すればよい。

電極電位をV_1とV_2の中間に設定した場合について考えよう。このとき、箱電極の中のクーパー対の数は、5000個と5001個の間で振動を始める。振動の間、クーパー対の数はまさに重ね合わせ状態を取っている。また、この中間電位の時間をコントロールすることで、回転ゲート操作を行うこともできる。

蔡氏・中村氏らは最近、箱電極を２つ連結した構造を用いて、２量子ビット間の制御ノットゲートの実験にも成功した。

ほかにも、量子ドットとよばれる微小な半導体中に閉じ込められた電子のスピンを用いるもの、シリコン基板の上に捕捉したイオン列を用いるものなど、さまざまな固体量子コンピュータが提案されている。興味ある読者は、巻末の参考文献をあたってほしい。

6.5 デコヒーレンス

「重ね合わせ状態の破壊」あるいは「デコヒーレンス」

ここまで見てきたように、量子コンピュータの実現に向けてさまざまな研究が進められている。その前に大きく立ちはだかっているのが「重ね合わせ状態の破壊」、あるいは「デコヒーレンス」とよばれる現象だ。

第３章の話を思い出してほしい。干渉計に光子を入射した場合、干渉計内部では、光子は２つの経路のどちらにも存在する「重ね合わせ」状態をとっていた。しかし、経路の一方に検出器を置くなどして「どちらの経路」に光子が存在するかをチェックした場合（74ページ・図3－15）、もはや「重ね合わせ状態」ではなく、一方の経路を確率的に選んで走っている粒子のような状態になってしまった。この現象が「重ね合わせ状態の破壊」、あるいは「デコヒーレンス」だ。

じつはデコヒーレンスは、なにも光子がどちらかの経路で吸収される必要はない。２つの経路の長さの差がよくわからなくなってしまうような特殊な材料を用いても引き起こすことができる。

経路の長さの差は、確率波の２つの成分の「位相差」に等しい。つまり、デコヒーレンスの本質は、２つの状態間の位相差の情報が壊されてしまうことにある。

２つの状態間の位相差

また、デコヒーレンスは、干渉計の中の光子にだけ起こるものではなく、あらゆる量子力学的な重ね合わせ状態に必ず生じるものだ。

それでは次に、電子スピンについて、スピンが上向きの状態と下向きの状態とで電子の持つエネルギーに差がある場合を考えよう。

電子スピンが上向きの状態と下向きの状態の確率波もそれぞれ位相を持っている。それぞれの確率波は、時計の針のようにそれぞれの速さで変化していく。

詳しい説明は量子力学の知識がどうしても必要なので避けるが、電子のそれぞれの状態を表す「確率波」の位相の変化の仕方は、状態の「エネルギー」で決まる。エネルギーが大きければ速く変化し、小さければゆっくり変化する。

そうすると、それぞれの電子スピンの位相差は時々刻々と変化することになり、重ね合わせ状態は壊れてしまうように思える。

しかし、そのような場合でも、それぞれの状態のエネルギーがまったく変化しなければ、２つの状態間の位相が時間経過にしたがって一定の割合でずれていくので、適当な補正をすることで量子ビットとして問題なく使うことができる。

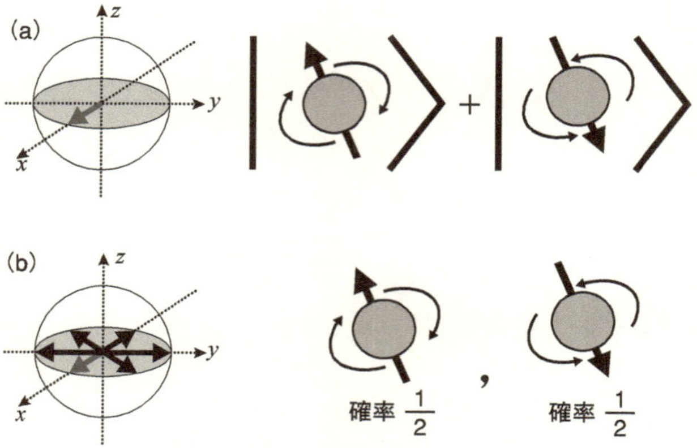

図6－18 「重ね合わせ」と「確率」

(a) 重ね合わせ状態のスピン (b) 単に確率的に上下を向いたスピン

原因は、追跡不可能な位相差のゆらぎ

問題は、スピンが上向きの状態と下向きの状態のどちらか、もしくは両方で、電子のエネルギーが「追跡不可能な」ゆらぎを受ける場合だ。例えば、電子の存在する地点の磁場（磁気）が、でたらめに変化するような場合がこれに相当する。

この場合、上向きの状態と下向きの状態の位相差は、まったくでたらめに変わってしまうことになり、先ほど述べたような補正を行うことができない。

たとえ最初に、スピンが上向きの状態と下向きの状態の位相差が確定した「重ね合わせ状態」にあったとしても、次第に上向きスピンと下向きスピンの間の位相差がはっきりしなくなる。もはや、電子スピンは「上向きと下向きの

重ね合わせ状態」ではなく、「単に確率２分の１で上向きか下向きのどちらかにあるような状態」になってしまう（図6－18）。

このように位相が不確定になる現象を、一般に「デコヒーレンス」または「位相緩和」とよぶ。

デコヒーレンスが十分起こった極限の世界が、私たちのよく知っている「古典的な世界」だということができる。

量子状態の「緩和」には、「位相緩和」のほかにも「縦《たて》緩和」とよばれるものがある。例えば先ほどのスピンの例では、上向きスピンのエネルギーの方が下向きスピンのエネルギーよりも大きい場合、ある一定の確率で（エネルギーの高い）スピンが上向きの状態から、（エネルギーの低い）スピンが下向きの状態へ、状態の遷移が起こる。その際、エネルギー差に相当する部分は、電磁波（光を含む）や、音波などの形で外部に放出されることになる。この一連のプロセスが縦緩和であり、やはり量子コンピュータのエラーの原因となる。

量子計算に立ちはだかる壁、デコヒーレンス

現在のスーパーコンピュータを凌ぐような大規模量子コンピュータの実現可能性については、当初から、肯定派、否定派さまざまな意見が出ていた。

否定派の主な根拠が、このデコヒーレンスの問題だ。「そのような大規模なコンピュータを構築し、計算に必要な時間、重ね合わせを維持することは不可能である」というのである。

量子コンピュータは、これまで見てきたとおり、$|0\rangle$ と

$|1\rangle$ の重ね合わせ状態をとることができる「量子ビット」の存在が大前提だ。だから、デコヒーレンスが起こる前に計算を終えなければならない。ここではその時間のことを「コヒーレンス時間」とよぼう。

一方、量子ビットに基本ゲート操作をするには、１回あたり一定の時間がかかってしまう。その時間を「ゲート時間」とよぼう。すると、ゲート操作を行える回数は、「コヒーレンス時間」を「ゲート時間」で割ったものになる。これを「計算可能回数」とよぶ。

また、アルゴリズムからは、どの程度の規模の計算をするのにどのくらいの「計算可能回数」が必要かを推定できる。例えば、現在の公開鍵暗号で用いられている1000桁程度の整数を因数分解するには、約100億回のステップ数が必要であることが、アルゴリズムとそれを実現する回路の解析からわかっている。

しかし、一般にコヒーレンス時間は短いので、このような計算可能回数を持つ量子ビットの実現は、現状の技術ではまだかなり難しい。

6.6 デコヒーレンスに立ち向かう：量子誤り訂正符号

デコヒーレンスの問題を解決するために考え出されたのが、「量子誤り訂正符号」だ。これは、通常のビットに対して通信路中で誤りが生じた場合に、それを検出したり訂正したりする「誤り訂正符号」の考え方がベースになっている。まず、古典的なビットに対する誤り訂正符号から紹介しよう。

古典誤り訂正符号

古典的なビットでは、状態は［0］と［1］しかとりえず、「位相」の概念がないので、そもそもデコヒーレンスの概念自体も存在しない。

しかし、本来は［0］だったビットの値が［1］になったり、逆に［1］のはずの値が［0］になったりすることはある。通信の途中でノイズが入った場合や、ハードディスクに書き込まれた磁気情報が変化してしまった場合などだ。このように、ある確率でビットが反転するエラーのことを「ビット反転エラー」とよぶ。

このような誤りを検出して、訂正する方法が、誤り訂正符号だ。

今、実際に送信する電気信号や光信号に対応したビットを「実ビット」とよび、送りたい情報を表すためのビットを「論理ビット」とよぶことにする。これまでは、漠然とこの２つを一体のものとして考えていた。

ここではそれをやめて、１つの論理ビットを、３つの実ビットで表してみよう（次ページ・図6－19）。ある論理ビットが［0］の状態を、実ビットが［000］の状態に、また論理ビットが［1］の状態を実ビットが［111］の状態に対応させる。このように、論理ビットをいくつかの実ビットの組の状態に対応させる方法のことを、「符号化」とよぶ。実際の通信などでは、符号化はよく用いられている。

この場合、例えば今１ビットの情報を送りたいときには、［000］もしくは［111］の電気信号や光パルスに担わ

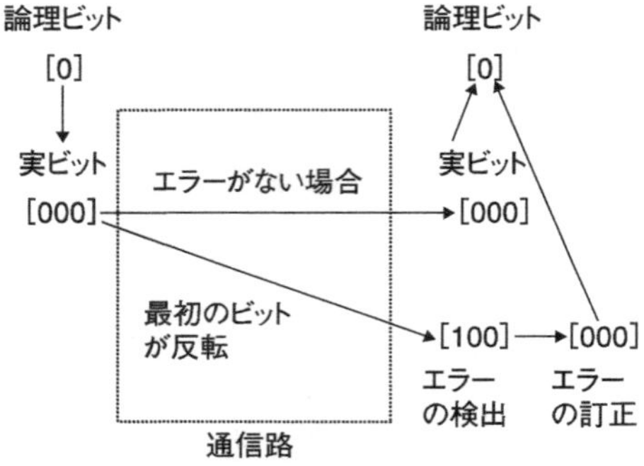

図6－19　古典誤り訂正符号

れている3つの実ビットを伝送することになる。いってみれば、データ量を3倍に冗長化するわけだ。

今、ある伝送路で、1000回に1回の割合で、でたらめにビット反転が生じるとしよう。この場合、符号化を用いずに単純にビット値を送ると、1000回に1回誤りが生じることになる。

では、先ほど説明した、3つの実ビットの符号を使った場合を考えよう。例えば、論理ビット値［0］に対応して3つの実ビット［000］を送る場合を考える。3つのビットのうちの1つだけにエラーが生じる場合、それぞれ確率1000分の1で［100］［010］［001］の状態が生じることになる（この場合、2つ以上のビットに同時にエラーが生じるのは100万回に1回程度なので、無視する）。

たしかに、これら3つの状態は、論理ビット［0］を表すビット列［000］とは異なっているが、論理ビット［1］を表す実ビット［111］からはさらに大きく（3ビットのうち２ビット）異なっている。そのため、[100] や [010]、[001] を受信した人は、通信路でなにかエラーが生じたことが直ちにわかる。と同時に、その異なりの程度から、元の状態を [000] と推測し、訂正できる。つまり、エラーの検出と訂正が可能になる。これが冗長化したことのメリットだ。

このように、エラーを検出するだけでなく、元の論理ビットの値を推定し、誤りが生じた部分を訂正することを「誤り訂正」と呼ぶ。これを可能にする方法が、「誤り訂正符号」だ。

量子誤り訂正符号

「量子誤り訂正符号」の目的は、デコヒーレンスなどによって生じた量子ビットの「誤り」を検出し、訂正することだ。ただし、量子ビットの誤りには、古典ビットの場合と大きく異なる点が２つある。

１つは、量子ビットは直接その状態を（$|0\rangle$、または$|1\rangle$と）観測すると、もはやもともとの量子ビットとは違う状態になってしまう点だ。つまり、古典的な誤り訂正のように「直接観測して、誤りを検出する」という手段はとれない。

もう１つは、量子ビットには「位相」と、そのエラーである「デコヒーレンス（位相緩和）」が存在することだ。これは、古典ビットにビット反転エラーしか存在しないのとは大きな違いだ。ちなみに、ビット反転エラーに対応するのは、デコヒーレンスの説明の最後にすこし触れた、量子ビットの「縦緩和」になる。

$$
\begin{aligned}
|0\rangle_{\text{論理}} =\ & |00000\rangle + |11000\rangle + |01100\rangle + |00110\rangle + |00011\rangle + |10001\rangle \\
& - |10100\rangle - |01010\rangle - |00101\rangle - |10010\rangle - |01001\rangle - |11110\rangle \\
& - |01111\rangle - |10111\rangle - |11011\rangle - |11101\rangle
\end{aligned}
$$

$$
\begin{aligned}
|1\rangle_{\text{論理}} =\ & |11111\rangle + |00111\rangle + |10011\rangle + |11001\rangle + |11100\rangle + |01110\rangle \\
& - |01011\rangle - |10101\rangle - |11010\rangle - |01101\rangle - |10110\rangle - |00001\rangle \\
& - |10000\rangle - |01000\rangle - |00100\rangle - |00010\rangle
\end{aligned}
$$

図6−20　量子誤り訂正符号

論理ビットを実量子ビットに書き換えたもの。実際の量子ビット5個の重ね合わせ状態として、論理的な量子ビットの $|0\rangle$ と $|1\rangle$ を考えることで、エラー訂正を可能にする（Divincenzo and Shor）。この方法では、1つの誤り（実量子ビットの反転、位相フリップ）を訂正することができる。

では、それらの点に注意しながら、量子誤り訂正符号の考え方について説明しよう。

古典誤り訂正符号と同様に、量子情報を担い、アルゴリズムなどの中での数学的な量子ビットに対応する「論理量子ビット」と、実際の電子や光子の物理量で担われている「実量子ビット」の2つに分けて考える。そして、1つの「論理量子ビット」を表現するのに複数の「実量子ビット」を用いる。

図6−20に、量子誤り訂正符号の例を示した。この符号では、1つの論理量子ビットは、5つの実量子ビットの重ね合わせ状態として表されている。

誤りの検出は、もう1つの状態検出用の量子ビット（アンシラビットとよばれる）に、エラーの状態を「載せ換える」ことによって行われる。載せ換えは、5つの「実量子ビット」と、「アンシラビット」の間で、制御ノットゲー

トなどを適当に組み合わせたエラー検出量子回路によって行う。その量子回路は、ある特定のエラーを検出した場合、アンシラビットの値を$|0\rangle$から$|1\rangle$へと変化させる。そして、観測はアンシラビットに対してだけ行う。このとき、もしアンシラビットの値が$|1\rangle$であったら、実ビットのどれかにエラーが存在することになる。

どの実量子ビットにどのようなエラーが発生したのかは、違う種類のいくつかのエラー検出回路を通すことで、絞り込みが可能になる。そのようにして特定した後、対象となる実ビットに適当な回転ゲート操作を行ってエラーを訂正すればよい。

このエラー検出のしくみと、その補正の方法については、残念ながら複雑な説明が必要になるのでここでは述べない。

量子誤り訂正符号は、情報理論と物理の融合による新発見の好例だ。これまで物質によって決まっていると考えられていた「コヒーレンス時間」を、一定手順の操作で延長できることが示されたわけだ。

量子誤り訂正符号を実行できれば、計算時間を理論上は「無限」に延ばせることがわかっている。しかし、量子誤り訂正符号を実際に役立てるためには、ある最低限の「コヒーレンス時間」が必要だ（コヒーレンス時間が短い場合には、量子誤り訂正符号を用いると余計にゲート操作が必要になるため、計算可能回数はかえって小さくなる）。

いずれにしても、デコヒーレンスとの戦いを制することが、量子コンピュータの実現につながることは間違いないだろう。

第7章

量子コンピュータの周辺に広がる世界と量子暗号

量子コンピュータは、「ビット」を、0と1の量子力学的な重ね合わせ状態をとることができる「量子ビット」に置き換えることで、超並列計算を可能にするというアイデアだった。

近年、「ビット」を「量子ビット」に置き換えることは、単に計算だけにとどまらず、通信など、もっとさまざまな分野に展開できることがわかってきた。量子コンピュータの周辺に広がる、その広大な分野を総称して「量子情報」という言葉が使われている。

中でも重要な応用が、「量子暗号」だ。これは、量子力学の不確定性原理を応用することで、絶対に盗聴不可能な秘密通信を実現するアイデアである。

第6章で紹介したように、量子コンピュータの実現に向けた研究は、まだ萌芽的な段階だ。しかし、量子暗号は、すでに製品が商品化されるところまで来ている。量子暗号は、「量子情報」分野の中でもっとも実用に近い分野なのである。

実用化にあたって培われるさまざまな技術は、単に量子暗号だけにとどまらず、量子コンピュータを含む量子情報のさまざまな分野に活用できると思われる。

この本を終えるにあたって、量子コンピュータの周りに広がる世界を、量子暗号を中心に少しだけ訪ねてみよう。まずは、情報化社会での量子暗号の必要性について見ていく。

7.1 情報化社会と秘密通信

くらしに関わるセキュリティ

ほんの一昔前まで、通信といえば「電信」や「電話」「ファックス」だった。しかし今では、そのほかにもさまざまな「通信」が生活に不可欠になりつつある。その象徴がインターネットだろう。

例えば、買い物。今ではわざわざ店まで行かなくても、ネット上でのショッピングで、ほしいものを簡単に手に入れることができる。

ただ、便利になった反面、問題も生じてきた。ネットショッピングでは、場合によってはクレジットカードの番号をネット上でやり取りすることになる。この情報がもし他人に読み取られてしまったら、その人はあなたになりすまして悪用するかもしれない。

重要な情報はほかにもネット上にあふれている。例えば、ネットバンキング。銀行のキャッシュカードは、これまで現金自動預払機に直接、暗証番号を入力して本人確認を行っていた。しかし、インターネットでは本人確認の情報を、なんらかの方法で秘密にやり取りする必要がある。「秘密通信」というと、どうしても、軍事や、外交、スパイというイメージがあるかもしれない。しかしこのように、「秘密通信」は、日常生活にも不可欠な手段になっているのだ。

通信と盗聴

次に、現在の通信システムにおける盗聴について考えてみよう。短・中距離の通信では、電波や、電線を伝わる電気信号が使われている。前者は携帯電話、後者は固定電話やADSLがその代表格だ。

まず、電波の場合を考えよう。電波による通信は、言ってみれば端末のおのおのが「放送局」と「ラジオ受信機」の関係にある。つまり、どのような信号がやり取りされているかは、同じ「受信機」を持っている人には完全にわかってしまう。また、電波は、なにも受信機でなくとも、建物や地面など、電気が流れる場所では吸収されてしまうため、送受信している人以外に、盗聴している「受信者」がいたとしても、まったくわからない。

では、電線を用いた通信ではどうだろう。この場合も、電線に細工をすることができれば、盗聴は簡単だ。電圧計で、電線の中の信号を検出すればよい。また、盗聴者がその信号を検出していても、電線の中でやり取りされている信号は変化を受けないため、「盗聴」を見破ることができない。

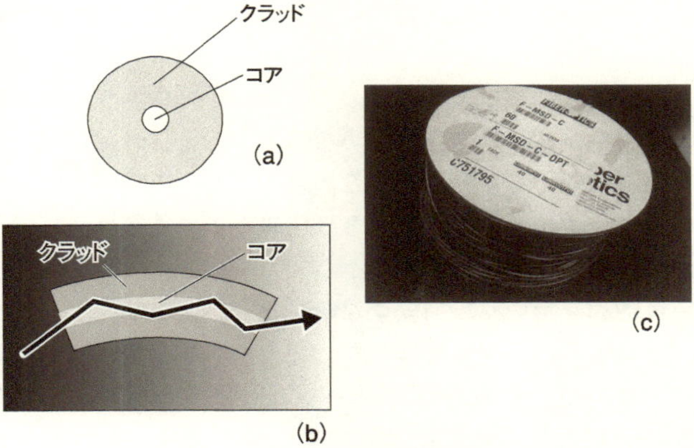

図7－1　光ファイバ

(a) 断面図　(b) 伝搬のようす　(c) 光ファイバケーブル

同じく「線（ケーブル）」を用いるものとして、光ファイバ（図7－1）を用いた通信がある。光ファイバは、屈折率の異なるガラスを組み合わせることで、光を閉じ込めて伝送できるようにした繊維（ファイバ）だ（図7－1 (a)）。中心部分（コア）のガラスの屈折率が、それをとりまく部分（クラッド）よりも大きいと、コアを進む光はクラッドとの境界の部分で完全に反射される。つまり、コアの中に光を閉じ込めながら伝搬させることが可能になる（図7－1 (b)）。この閉じ込められた光パルスを使って、信号を高速に伝えることができるのだ。現在は大陸間の通信や、大都市間を結ぶ基幹の通信はほとんど光ファイバ通信で行われている。また最近は、光ファイバを家庭まで敷設してインターネットなどに利用するファイバ・トゥ・ザ・ホーム（FTTH）も広まってきた。

しかし残念ながら、盗聴に対する脆弱さは光ファイバ通信も、電線の場合とあまり変わらない。例えば、光ファイバをすこし曲げると、コアの中を伝わる光はクラッドとの境界で完全には反射されなくなる。すると、外部に光を漏らすことができてしまう。このとき、漏れの量がわずかであれば、盗聴を探知することは困難なのである。

乱数列を用いた絶対安全な暗号化

このように、現在の技術では「盗聴」を完全に防ぐことは不可能だ。そのため、「データは盗聴される」ことを前提とし、情報を暗号化して送受信する方法がとられている。

最もよく行われているのが、比較的短い秘密の鍵（数百ビットのビット列）を用いてデータを効率的に暗号化する方法だ。ただ、効率的な暗号化は、どうしても解読される危険性がつきまとう。

一方で、もし「送りたいデータ列と同じ長さ」の乱数列を暗号化に用いることができれば、解読できないことがわかっている。そう、必要な長さの乱数列を共有することさえできれば、決して解読できない暗号が実現できるのだ。このような暗号は、バーナム暗号とか、使い捨て暗号帳法（ワン・タイム・パッド法）とよばれている。

しかし、「乱数列」を他人に知られずに共有するというのは、互いに近い場所であれば（例えば毎日１回必ず会うなど）簡単かもしれないが、遠隔地間で行うのは非常に困難だ。光通信や無線などで送ってしまうと、先ほど述べたように盗聴される危険性がある。

伝え聞いた話では、高度な外交などの場面では、この乱数表を実際にアタッシュケースに入れて人が運ぶ場合もあるらしい。このエピソードからも、乱数列を遠隔地間で安全に共有するには、その乱数列を「持ち運ぶ」程度しか方法がなかったことが窺える。しかし、これでは日常的に用いるわけにはいかない。一度に大量の鍵を運んでおけばよさそうだが、互いに共有した鍵も、その保管期間が長ければ長いほど、盗み見られる危険性は高くなるので、最適とは言いがたい。

そのような乱数表を、なんとか誰にも知られずに共有できないだろうか？

光子を用いて乱数列を共有する

第２章で見たように、光の最小単位は光子である。盗聴者による光子の途中捕獲を完全に検出するために、ビットに対して光子１粒を対応させ、例えば［0］は水平偏光を持った光子で、［1］は垂直偏光の光子で表すのはどうだろう？　こうすれば、先ほどのような「ごくわずかの漏れ」を利用した盗聴はうまくいかないはずだ。

なぜなら、光子は分割することができないので、漏れずに無事受信者に届くか、もしくは漏れて盗聴者に検出されるかのどちらかの状態しかない。もし、いったん光子が漏れて盗聴者によって検出されてしまうと、もはやその光子は消えてなくなってしまう。送られてくるはずの光子が送られてこないことで、受信者は盗聴者の存在を探知できるはずだ。

残念ながら、この方法でも盗聴はできてしまう。という

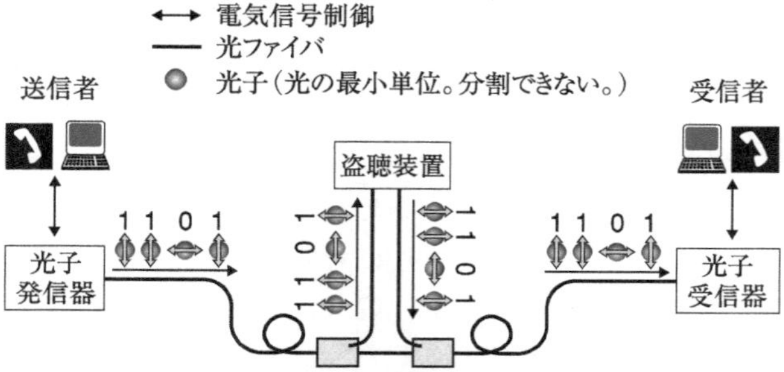

図7−2　光子1つ1つを通信に用いた場合

この場合も、盗聴者に光子を再送信されてしまうと盗聴を探知できない。

のは、この場合、光子を検出すれば、「水平偏光」「垂直偏光」のどちらを持っていたかは（もし盗聴者が完全な検出装置を持っていたとすれば）100パーセント誤りなく判定可能だ。つまり、盗聴者は遠慮がちに「わずかに漏らす」ようなことをしなくても、すべての光子をとりだして完全に情報を読み出した後、読み出した偏光を持つ別の光子を、自分の「光子発生装置」で送りなおせばよい（図7−2）。

しかし、光子1個の場合、第3章で見たように量子力学的な性質が現れる（61ページ・図3−8）。光子1つの偏光状態が、単に「水平（0度）」か「垂直（90度）」かの二者択一でなく、斜め（プラス45度、マイナス45度）の偏光をとることもある場合を考えてみよう。その場合、光子1粒を測定しただけでは、もともとどのような偏光が与えられていたかを知ることは、不確定性原理によりできない。このしくみをうまく利用するのが、量子暗号である。

7.2 量子暗号と量子鍵配布

発明のきっかけ

量子暗号は、1984年にベネットとブラッサードによって発明された。

第３章（3.２　不確定な関係）でも説明したように、単一の光子あるいは単一の量子ビットを、ある適当な重ね合わせ状態にセットすることは可能だ。しかし、それがどういう状態にセットされているのかは、たとえその状態を測定したとしても、第三者が完全に知ることは不可能である。これが、不確定性原理だった。

この原理を応用して、決して複製できない紙幣を作れるのではないかというアイデアを、ワイスナーが提案した。しかし第５章でも述べたように、量子ビットの重ね合わせ状態は、ふつうデコヒーレンスによって壊れてしまうので、紙幣に組み込むのは難しいだろう。そのアイデアを光量子ビットを用いた通信に展開したのが、ベネットとブラッサードだった。

彼らの提案した方法は、発明者２人の頭文字と、発見の年1984年の下２桁をとって、BB84とよばれている。現在までに、さまざまな量子暗号のしくみが提案されているが、BB84はこれまでの実験でもっとも広く用いられている方法だ。

量子暗号の目的は、乱数表を盗聴されずに共有することだ。先ほども見たように、乱数表を誰にも知られずに遠隔

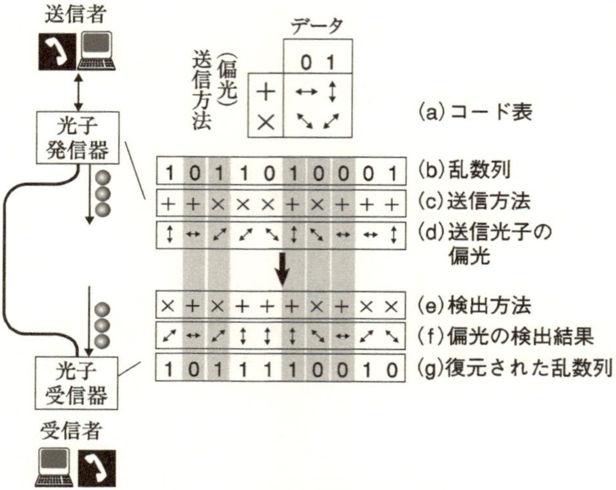

図7－3　量子鍵配布（BB84）の概念図

地間で共有することはこれまでとても難しかった。

そこで、光ファイバだけで結ばれた2つの地点間で、「乱数列＝秘密鍵」を互いに共有する方法を提供するのが、BB84方式（図7－3）だ。この方式は、それ自体で量子暗号とよばれることもあるし、結果として秘密鍵を送信者と受信者に配ることになるので、「量子鍵配布」とよばれることもある。この本では、量子力学の原理を用いた秘密の乱数列を共有するしくみ自体は「量子鍵配布」とよび、そのような秘密鍵を用いて安全な通信を行う、（量子鍵配布も含めた）全体のしくみを「量子暗号」とよぶことにする。

では、さっそくBB84量子鍵配布のしくみを見てみることにしよう。

量子鍵配布のしくみ１　送信者

まず送信者は、［0］と［1］のでたらめなビット列を用意する。図7－3では、［1011010001］（図7－3（b））がそれにあたる。このように、でたらめに発生させた数のことを「乱数」、その列のことを「乱数列」とよぶ。

乱数列を作るには、例えばコインの表を［1］、裏を［0］に対応させ、何回か（この場合10回）コインを投げればよい。ほかにも、電子素子で発生する電圧揺らぎなど、予測がまったくつかない物理現象を用いて作成可能だ。

送信者はこの乱数列［1011010001］を、光子の偏光を用いて受信者に送る。その際、先ほどすこし触れたように、「水平偏光（０度）」「垂直偏光（90度）」の偏光状態に加えて、「プラス45度」、「マイナス45度」の偏光状態（次ページ・図7－4）も使うところがミソになる。

その際に、送りたいビットの値と、実際に送信する偏光を対応させたのが、図7－3（a）のコード表だ。このコード表には、２種類の送信方法「＋」と「×」が準備されている。「＋」の方法を用いる際は、ビット値の［0］、［1］を、それぞれ水平偏光、垂直偏光の光子で送信することになる。同様に、「×」の方法を用いる際には、ビット値の［0］、［1］を、マイナス45度偏光、プラス45度偏光で送信することになる。

コード表の使い方を説明しよう。今、ビット値［1］を送信したいとする。そのとき、もし送信方法として「＋」を選択したならば、（コード表で「＋」と［1］が交わる部

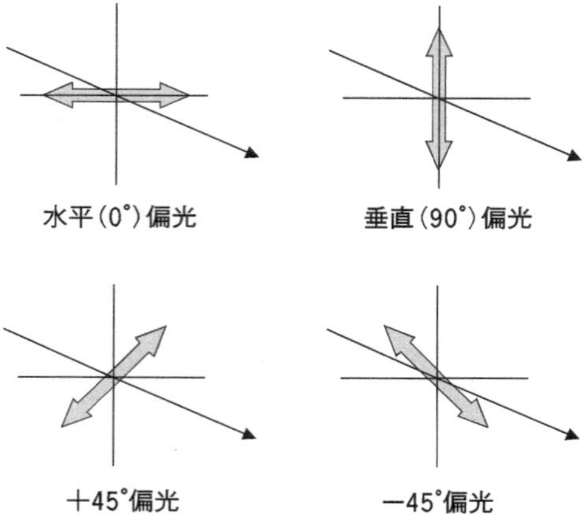

図7－4　光子の4つの偏光状態

分の）垂直偏光で光子を送ればよいことになる。

送信したいビット列（図7－3（b））のそれぞれのビットについて、「＋」と「×」の方法のどちらの方法で送信するかについて、送信者はでたらめに決める必要がある。決める方法としては、先ほどと同じように、表を「＋」、裏を「×」としてコイン投げをしてもよいし、ランダムに決めることができる専用の機械や電子回路を用いてもよい。そうして、すべてのビット値に対して送信方法を決めたのが、図7－3（c）だ。

送りたいビット値と送信方法が決まれば、コード表を用いて送信する偏光方向は完全に決まる。くり返しになるが、例えば、左端の列のように、乱数列のビット［1］をコード「＋」で送りたい場合は、コード表から垂直偏光と決まる。このように、偏光方向をコード表から求めたのが

図7－3（d）だ。

送信者は、その偏光を持った光子を受信者に次々と送信する。そのとき、それぞれの光子をコード「×」で送っているのか、コード「＋」で送っているのかは、この時点では受信者を含めて誰にも明かしてはいけない。ただ、光子のみを送る。ここが重要だ。

量子鍵配布のしくみ２　受信者

では、受信者について見てみよう。送信者からは、ただひたすら光子のみが送られてくる。前述の不確定性原理により、光子の場合はもともとどのような偏光にセットされたのかを知ることはできない。つまり、受信者は送信者がそれぞれの光子１つ１つを、どのような偏光方向で送ってきているのかを知ることができない。ただ、わかっているのは、送信方法の「＋」か「×」のうち、どちらかの方法を使ったということだけだ。

そこで、受信者は、送信者が「＋」、「×」どちらの方法を使ったかを、あてずっぽうに推測する。そして、それぞれの方法に適した方法で、光子の偏光を検出する（図7－5）。例えば、「＋」の送信方法に対して正しく検出を行いたい場合には、その偏光方向に対して偏光ビームスプリッタを図7－5（a）のように設置すればよい。ここでは、垂直偏光だけを反射するような偏光ビームスプリッタを用いたとしよう。そうすると、水平偏光、垂直偏光の光子については、そのどちらであるかを100パーセント正しく検出できる。このような検出を、「＋の受信方法」とよぶことにしよう。

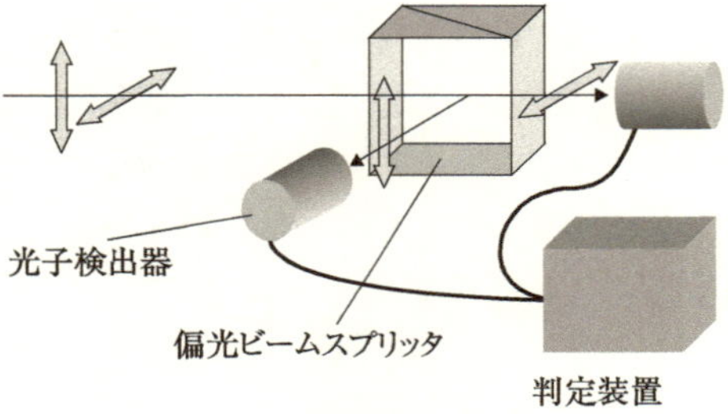

(a)「＋」に対する受信装置

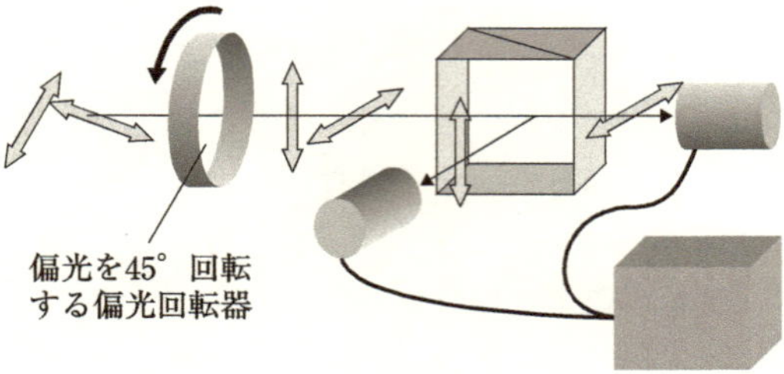

(b)「×」に対する受信装置

図7−5 「＋」と「×」の検出方法

次に、「×」の方法に対する検出を考えよう。その場合は、偏光ビームスプリッタを回転させて検出を行ってもよいが、図7−5（b）のように、（a）の装置の偏光ビームスプリッタの手前で、「偏光回転器」を用いて偏光を45度回転させるのが簡単だ。この装置を用いた場合には、プラス

45度偏光、マイナス45度偏光を持った光子に対して、100パーセント正しく判定できる。こちらは、「×の受信方法」とよぶことにする。

ちなみに、電気的に偏光の回転角度を０度（回転させない）、45度と切り替えられるような装置も実際に市販されている。そのような偏光回転器を使えば、１つの装置で、電気的に「＋」と「×」の方法を逐次切り替えることも可能だ。実際の量子暗号装置ではそのような方法がとられている。

第３章の復習になるが、ここで、図7－5（a）の「＋（水平偏光、垂直偏光）」に対する測定装置に、プラス45度偏光の光子が入った場合を考えてみよう（図7－6）。第３章で見たように、この場合には、光子は偏光ビームスプリッタのどちらの出力にも同じ確率振幅で存在する「重ね合わせ状態」になる。そのため、光子は「水平偏光」もしくは「垂直偏光」と、それぞれ1/2の確率で完全にでたらめに判定されてしまうことになる。

逆の見方もできる。入射した光子が、「水平・垂直」もしくは「プラス45度・マイナス45度」のどのような偏光状

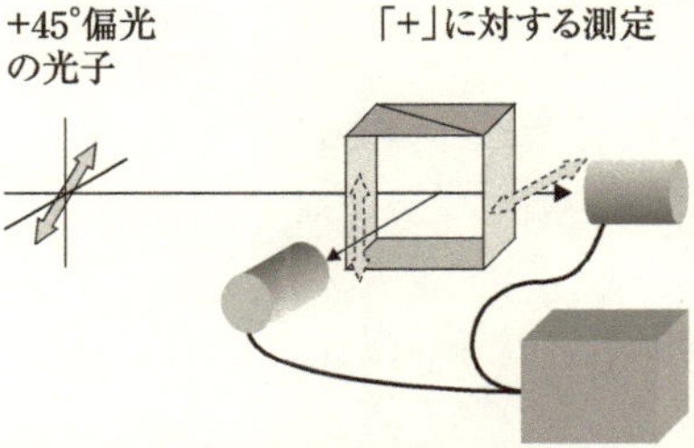

図7－6　送受信方法が異なった場合

態を持っているかわからない場合には、もし「水平偏光」という結果が出たとしても、「あらかじめ水平偏光で、水平偏光という結果が得られた」のか、「もともとはプラス45度偏光、あるいはマイナス45度偏光だったが、誤った測定の結果たまたま水平偏光という結果が得られた」のかは、区別できない。

また、たとえもともとは「プラス45度偏光」だったとしても、状態を一度「水平・垂直」の方法で測定し、「水平偏光」という結果を得てしまうと、もはや元の状態（プラス45度偏光）は完全に失われてしまう。

これらは不確定性原理の重要な帰結だ。

図7－3（236ページ）の説明に戻ろう。今の場合、受信者は光子が４つの偏光のどの状態を持っているかを知ることはできない。そこで、とりあえず「＋」の受信方法かあるいは「×」の受信方法のいずれかをランダムに選び、光子の偏光を読み取ることにする。

例として、表の左端、送信したい乱数ビット列［1011010001］の最初のビットについて見てみよう。送信者は「＋」の送信方法に対応して、垂直偏光の光子を送ったが、受信者は「×」の方法で受信をしてしまった。この場合、先ほど述べたように、「プラス45度」、「マイナス45度」のどちらの偏光として検出されるかは、1/2の確率で完全にでたらめになる。

一方、２番目のビットを見てみると、「＋」の方法で送信したのに対して、今度は同じ「＋」の方法で受信している。この場合は、送り手が送った光子が「水平偏光」を持っていることは、100パーセント正しく検出されるはずだ。

量子鍵配布のしくみ３　鍵の共有

このようにして、受信者は送られてくる光子に対して次々と偏光を測定していく。それらの測定のうち、確率的には２回に１回の割合で、送信者と同じ方法で受信できているが、残りは送信者と異なる方法で受けていることになる。図7－3では、たまたま同じ送受信方法だった場合に相当する列に、影をつけて示した。

受信者は、得られた偏光状態の結果から、コード表（図7－3（a））を用いて、送信されたであろうビット値を推測することができる。例えば、受信したある光子の結果が「水平偏光」だったとすれば、コード表から送信されたビット値は［0］と推測することができる。この推測は、もし送受信方法が同じであれば、100パーセント正しい。しかし、送受信方法が異なっている場合には、50パーセントの確率でしか正しくない。完全にでたらめである。

ここで確認してほしいことがある。送受信のコードが同じ場合（図7－3で、影のついている列）だけを選び出したとする。その場合、送信者の［01100］は、受信者側で完全に正しく再生されている点だ。しかしこのままでは、送信者、受信者ともに、送受信の方法が一致していたのがどの列だったかは知ることができない。

そこで、光子の送受信が一段落したところで、送信者と受信者は、「＋」「×」のうちどちらの方法で送受信したのかの情報交換をする。例えば、まず受信者が電話かなにかで、それぞれのビットをどの方法で受信したのかを送信者に知らせる。それを聞いた送信者は、送受信の一致していた部分（この場合、２番、３番、６番、７番、８番）を受信者に知らせる。こうして、お互いにどの部分で送信方法と受信方法が一致しているかがわかれば、その一致した部分だけを用いることで、同じ乱数列（この例では「01100」）を共有できることになる。

今の部分でミソになっているのは、送信者も受信者も「実際に、水平、垂直、プラス45度、マイナス45度のどの偏光で送ったのか」「検出した結果は、その４つの偏光のどれだったのか」という情報は、決して公開しない点だ。盗聴者は、盗聴によって（あとづけで）「＋」、「×」どちらの方法で送受信が行われたかを知ることはできるものの、光子の偏光に託されたビット値の情報を完全には得ることができない。この点については、後の節（全知全能？の盗聴者vs. 量子暗号）で詳しく説明する。

ところで、この例では、光子は途中でまったく失われないとして話を進めた。しかし、実際の光ファイバ通信路では、途中で光子が失われる場合がある。光子の失われる割合を損失とよぶ。例えば、50パーセントの損失がある場合、100個光子が送られても平均で50個程度の光子しか受信者には届かない。しかし、このような場合でも、「受信に成功した光子」だけを使って秘密鍵を共有することは可能だ。つまり、受信者が送信者にどの方法で受信したのかを知らせる際に「受信しなかった」という情報も知らせてやればよいだけだ。つまり、損失があった場合、時間あたりに共有できる秘密鍵の量は減るものの、鍵共有を行うこと自体には問題がないのだ。

秘密鍵を使った絶対安全な通信

先ほど説明したように、いったん乱数列を共有できてしまえば、使い捨て暗号（バーナム暗号）を用いて完全に安全な秘密通信が行える。

図7－7に、このようにして共有できた乱数列を用いた秘密通信のスキームを示した。今、「秘密の文です。」という文章を送りたいとしよう。第４章で見たように、この文章は、１つ１つの文字にあてはめられた文字コードを経て、コンピュータの内部ではデジタル化されたビット列として蓄えられている。

このビット列と、量子鍵配布によって得た秘密鍵のビット列との間で、「排他的論理和（XOR）」（98ページ・図4－11）の操作をする。排他的論理和とは、両方のビットが同じ（両方［0］、または両方［1］）であれば［0］、互いに異なる場合には［1］を出力するような操作だ。

量子鍵配布で得られる秘密鍵では、［0］と［1］が完全にでたらめに現れている。このため、排他的論理和の操作を行った後に得られるビット列は、完全にランダムになる。また、メッセージのビット列と同じ長さの乱数列を用いるため、暗号化された情報には何の規則性もなくなっている。このため、盗聴者は「秘密鍵」のビット列を知らない限りは、元のメッセージはまったく読み取ることができない。このことは、情報理論からも数学的に証明されている。そして、量子鍵配布の方法を用いれば「秘密鍵」が第三者に知られずに共有できることは、物理学の基本法則である不確定性原理に保証されているのだ。これが、量子鍵配布を用いた量子暗号通信の基本的な考え方だ。

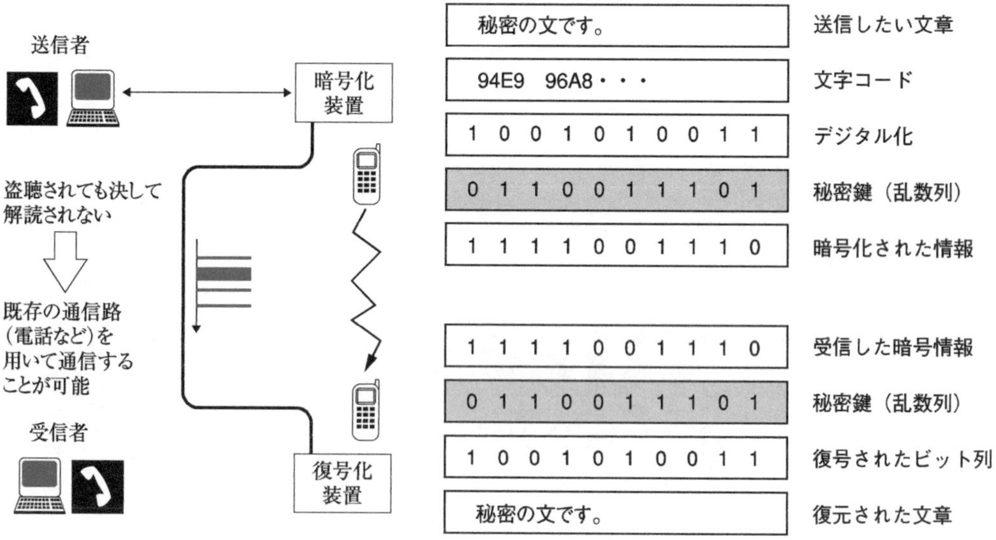

図7－7　絶対に解読不可能な暗号（バーナム暗号）による通信

ここで注目すべきなのは、秘密鍵を共有する際には光子の送受信機や光ファイバが必要になるが、いったん秘密鍵を共有してしまえば、あとは携帯電話だろうがインターネットだろうが、好きな方法でデータを送受信してかまわない点だ。

では、受信者の復号方法について見てみよう。受信者は、受信したビット列と、量子鍵配布で得た秘密鍵のビット列との間で「排他的論理和」操作を行う。排他的論理和には、あるビットに対して続けて２回行うと、元の値に戻るという性質がある。例えば、元々のビット値が［1］のときに、秘密鍵［1］との間で２回排他的論理和操作を行う場合を考えよう。１度目はビット値が［1］どうしなので［0］に変化する。２度目の操作では、変化後の値［0］と［1］で、［1］になり、元の値に戻る。この「排他的論理和」の性質から、再度受信者側で同じ秘密鍵により排他的論理和操作を行うことで、元のデジタル化されたビット列が復元される。そして文字コードによる変換を経て、「秘密の文です。」というメッセージが再生されることになる。

今の例では文章を暗号化したが、第４章で見たように、画像、映像、音声など、コンピュータ上のデジタル化されたあらゆる情報は、この方法で安全に送受信することができる。

では、次にどのようにして盗聴者を発見できるのかを見てみよう。

7.3 全知全能？の盗聴者 vs. 量子暗号

盗聴者ができること

量子鍵配布の方法を用いれば、その秘密鍵の中身を「誰にも知られていない」ことを保証できる。その理由について、解説しよう。

まず、ここに盗聴者を１人仮定する。この盗聴者は、現在の最先端の技術の状況などに関わりなく、物理学の法則が許してさえいれば、どのようなことを行うのも可能だとしよう。例えば、100パーセントの効率で光子を検出することや、正しく光子を１つずつ発生させることは今の技術ではまだむずかしいが、盗聴者はそのような技術を持っていると仮定する。また、光（光子）を何の減衰もなく遠隔地に送ることも可能だ。光は真空中では減衰せずに進むことができるから、例えば中が真空になっているような「パイプライン」を使えば、原理的にはそれは可能だからだ。また、盗聴器具を設置する際には、あらゆる障害をかいくぐって、気づかれずに行えるとする。

ただし、物理学の法則上許されていないことはできない。例えば、タイムマシンを使って時間をさかのぼること。SFではありふれた装置だけれど、これは相対性理論に反するので許されない。同じ理由で、盗聴者は光のスピードを超えた速度で移動することはできない。

また、送られてきている光子１個の偏光状態を完全に知ること。これも、これまで見てきたように不確定性原理から許されない。

さらに、ある任意の偏光を持った光子とまったく同じ偏光を持つ光子の「複製」を作ることもできない。ここでは詳しく説明しないが「複製禁止定理（ノークローニング定理）」という定理によっても、複製を作れないことは証明できる。直観的には次のように考えてもよい。もし複製を作れるのであれば、非常にたくさんの複製を作って、それらに対して「垂直・水平」や「プラス45度・マイナス45度」などさまざまな方法で偏光を多数回測定することで、１個の光子の偏光状態を完全に知ることができてしまう。しかし、これは不確定性原理に反する。

「盗聴者は、伝送路に細工（光子を送り込んだり、検出したり）はできるが、送信者、受信者の装置を遠隔操作したり改造したりはできない」ことも仮定しよう。つまり、鍵配布装置の本体は十分に安全な場所に置かれているとする。これは物理学の基本法則の要請ではなく、この量子鍵配布という一種のゲームの中でのルールだ。

また、ここでは、送受信方法を互いに確認する際の通信の内容は、盗聴者によって改変できないと仮定する。もし互いに初めから秘密鍵が共有できていれば、情報学的に盗聴者が送受信者になりすませない、つまり通信内容を改変されても検知できるので、この仮定は必要ないのだが、今は説明を簡単にするためにそのように仮定しよう。

最適な盗聴方法と、ビット反転

そのような盗聴者が、「盗聴装置」を設置して、通信途中の光子を読み取ろうとしているのが、図7－8（251ページ）だ。盗聴者は、送受信者の共有する鍵（乱数列）の中身をできるだけ知りたい。そのためには送受信されている光子の偏光状態を次々と読みとっていく必要がある。

今、送られている光子の偏光を盗聴者が盗み読もうとしたとしよう。しかし、受信者と同様、その時点では送信者が「＋」か「×」の方法のどちらを使って光子を送っているのかを知ることはできない。そのため、結局盗聴者にできるのは、受信者と同様に「＋」か「×」の方法のどちらか適当な方法で光子を受信することだけだ。

図7－8では、最初、送信者は「＋」の方法を用いて垂直偏光の光子を送った。しかし、盗聴者は「＋」で送られていることがわからないから、「＋」か「×」のどちらを使って受信するのかを適当に決めなければならない。今、たまたま「×」の方法で受信したとしよう。

しかし、図7－6で見たように、この場合は、「プラス45度偏光」「マイナス45度偏光」のどちらかの結果がでたらめに得られることになる。今の例では、たまたま「プラス45度」の結果が得られたとして話を進める。

このとき、もし盗聴者が光子を検出したままで放っておくと、受信者は当然送られてくるはずの光子が「送られてこない」ことから、盗聴者がいることを検知できてしまう。また、先ほど述べたように、受信された光子だけから秘密鍵を抽出するので、もしここで光子を送らずにそのままにしてしまうと、秘密鍵の中身についてはなにも得られないことになる。よって、盗聴者は受信した光子の代わりとなる光子を送信しなければならない。

では、盗聴者はどのような偏光の光子を送信するのがも

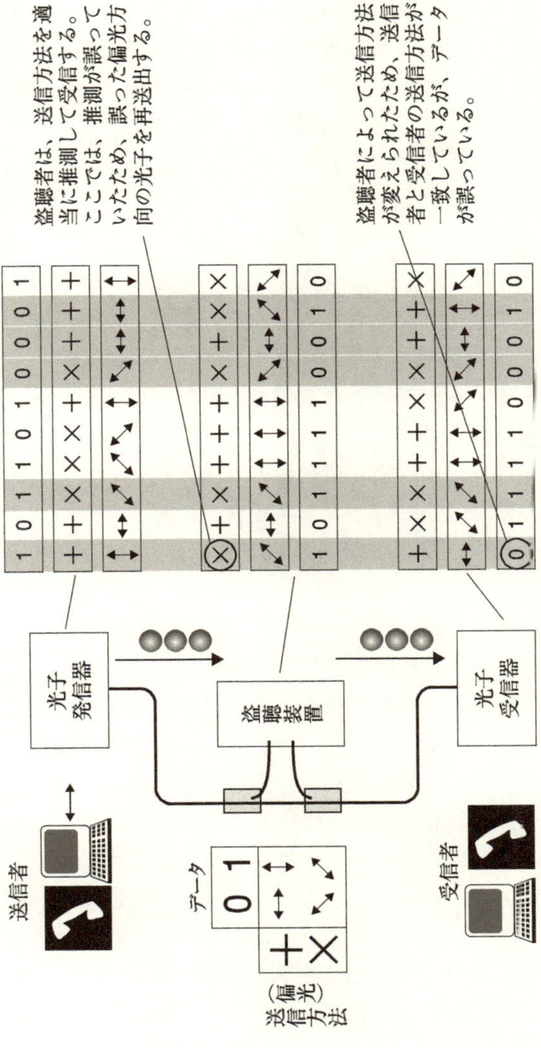
送信者
光子
発信器
データ
0 1
送信方法
(偏光)
盗聴装置
受信者
光子
受信器
盗聴者は、送信方法を適当に推測して受信する。ここでは、推測が誤っていたため、誤った偏光方向の光子を再送出する。
盗聴者によって送信方法が変えられたため、送信者と受信者の送信方法が一致しているが、データが誤っている。
1 0 1 1 0 1 0 0 0 1
1 0 1 1 1 1 0 0 1 0
0 1 1 1 1 0 0 0 1 0

図7−8　盗聴者の探知

っともよいのだろうか。じつは、検出の結果得られた偏光、この場合は「プラス45度」の光子を送信するのがもっとも盗聴がばれにくい。これは、盗聴者の受信方法が送信者のそれとたまたま一致する場合も２回に１回は存在するからだ。この例の場合も、「プラス45度」の光子を盗聴者は送信したとしよう。

次は、受信者がこの光子を受信することになる。この例の場合、受信者は、「＋」の受信方法、つまり、送信者と同じ方法で受信を行ったとしよう。この場合、本来は送信者が送った垂直偏光の光子は、受信者によって100パーセントの確率で「垂直偏光」と認識され、秘密鍵のビットは正しく共有されるはずだった。

しかし、今見たように、盗聴者の検出方法が「×」であったため、盗聴者からは「プラス45度」の光子が送られている。この場合、受信者がこの光子を「垂直偏光」「水平偏光」のどちらかとして、それぞれ50パーセントの確率で検出することになる。

そして、今の例では受信者の測定結果は「水平偏光」になった。これは、今見たように、盗聴者が存在しなければ絶対にあり得ない結果だ。結果として、送受信者の間で共有したはずのビット値は、互いに異なってしまっている。

このように、共有した（送受信者で一致している）はずのビット値が、盗聴者が存在するために互いに異なってしまう（反転する）確率は、平均25パーセント存在する。というのは、このようにビットが反転するのは、盗聴者がたまたま送信者と異なる方法を選択し（50パーセント）、その盗聴結果に相当する光子を送信したうえで受信者の検出結果がたまたま送信者と異なる（50パーセント）場合に限られるからだ。

盗聴者を検出する！

以上の議論をすこしまとめよう。量子鍵配布の鍵の中身を盗聴者が取り出そうとすると、どうしても読み出しの誤りを起こしてしまう。盗聴を探知されないためには光子を再送信する必要があるが、読み出しが誤っていた場合には、間違った情報を受信者に送ることになる。このため、本来は完全に一致するはずのデータ（図7−8で影のついた列）が、送受信者で食い違う（左から１列目と９列目）。

つまり、盗聴者の検出には次のような方法を用いればよい。定期的に、お互いに共有したビット列の一部を比較するのだ。例えば、1000ビット共有が終わったら、そのうちの50個を互いに適当に選び出して比較する（選び出した50ビットは、後の暗号用秘密鍵としては使わない）。そこで、食い違いがある程度見られるようだと、その前後の一連のデータは盗聴を受けた可能性がある。その場合には、そのデータをすべて捨てて、通信路に盗聴者がいないかを見回るのも１つの方法だ。

一方、実際の量子鍵配布の実験では、盗聴がない場合にも、光ファイバ中での光子の偏光や位相ゆらぎなどのために、ふつう数パーセント程度の不一致が生じてしまう。この不一致は、盗聴者につけ入るスキを与えてしまう。

そのような不一致が存在する場合でも、盗聴者への情報の漏れを回避する、プライバシー増幅という手段がある。プライバシー増幅は、エラー率に応じて共有したビット列を「圧縮」し、盗聴者への情報の漏れをなくす方法だ。残念だが、専門的になりすぎるため、詳しい説明は別の機会にゆずらせていただく。

量子暗号システムと現状

では、量子暗号はいったいどのような形で使われていくのだろうか。そのイメージを図7－9を用いて説明しよう。

これまでに述べたように、量子暗号は、光ファイバを使って乱数鍵の共有を行うシステムだ。これまでは、安全な鍵の配布を光ファイバで行おうとすれば、通信路のすべてを安全にしなければならなかった。ところが、量子暗号を用いれば、送信者、受信者、中継点の部分だけ、情報管理を徹底すればよいことになる。

光子１つ１つと聞くと、実際にそのような状態を送受信したり、制御するような量子暗号は本当に可能なのかと怪しまれるかもしれない。しかし、既存の光通信技術をほぼそのまま用いることが可能だ。

例えば、パルス内に平均的に１つ以下の光子がある状態を作り出すことは、単にパルス状のレーザー光を減衰フィルタで減衰するだけで容易に実現できる。光子の偏光状態の回転は、既存の電気光学素子をそのまま用いることができるし、長距離伝送については、通常の通信用光ファイバで可能である。例えば、光ファイバで10キロメートル送信したときの光のロスが50パーセントだとすると、送信したうちの半数の光子は伝送されることを意味する。

現在提案されている量子暗号の光学系が、通常の光通信と本質的に違うのは、受信機に光子検出器を用いる点だろ

図7－9　量子暗号通信システムのイメージ図
発信者、受信者、中継点のみの安全を確保すればよい。

う。この分野では、ジュネーブ大学のジザン教授のグループが、1990年代後半にすばらしい業績を上げた。彼らはレマン湖の下に敷設されていた長さ23キロメートルの光ファイバを用いて実験したのである。このときは毎秒１ビット程度でしか安全な乱数を共有できなかったが、1998年には毎秒210ビットの共有に成功している。

最近は日本のグループも活躍している。図7－10は、三菱電機が2002年の12月に行った、87キロメートルの距離での量子暗号実験の装置だ。87キロメートルといえば、東京駅から富士山にまで達する距離である。その後、2003年3月にNECが、量子暗号の基礎となる100キロメートルの光ファイバを用いて単一光子を干渉させる実験を、また東芝ケンブリッジ研究所が同年６月に101キロメートルの同様

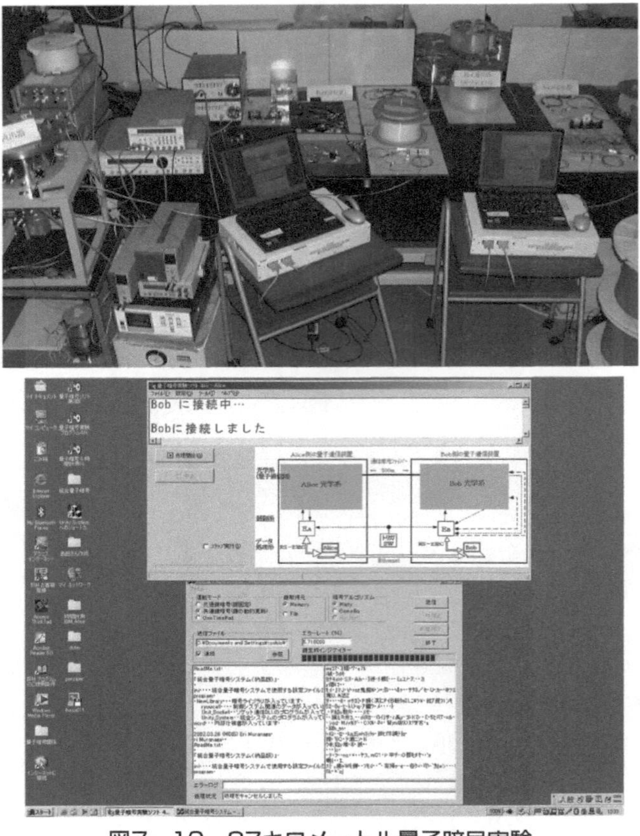

図7－10　87キロメートル量子暗号実験

写真提供／三菱電機（株）

の実験を、相次いで成功させている。

7.4 量子情報科学の今後

量子暗号の現状と今後

この章全体をまとめておこう。量子暗号のメリットは「絶対に安全な暗号」を提供できる点だ。実際には、装置の不完全性などの原因でエラーも生じるが、共有した乱数列に対して「プライバシー増幅」とよばれる後処理を行うことで、盗聴の割合を任意に小さくすることができた。

すでに、距離については、現在の技術の限界に近い、100キロメートル級の実験がなされるに至った。今後は、さらに伝送速度の高速化、および既存のセキュリティ技術との融合が行われていくだろう。

次に、今後の発展について予測してみよう。

100～200キロメートルといわれている伝送距離の壁を破るためには、当面は、100キロメートル程度毎に「古典的な中継基地」を設けて、バケツリレー式に秘密鍵を伝送するのが現実的だと考えられる。究極のセキュリティ技術に対するニーズにもよるが、都市部あるいは全国的なネットが構築される可能性があるだろう。

また、もつれ合い状態にある光子対などを利用して、光子の未知の量子状態（例えば偏光状態）を、そのまま遠隔地に中継する「量子中継器」の研究も始められている。量子中継の原理についての詳しい説明は、構成の都合で、ここでは省かせていただく。

量子中継器を実現するには、光子の偏光状態を電子のスピンの状態に変換して蓄える「量子メモリ」というデバイスが必要になる。これは、光子に担われていた量子ビットを電子スピンに載せ換える操作に相当する。つまり、見方を変えると、量子中継器は、光の量子状態への入出力を持った小型「量子コンピュータ」そのものともいえる。

このように、量子暗号の世界は、単に暗号の実現にとどまらず、量子ビットによって担われた情報を通信・制御・処理する「量子情報通信処理」へと展開しつつある。将来的には、量子コンピュータと一体化し、量子インターネットのようなものに展開するかもしれない。

理論面での展開と量子情報科学

理論面でも、量子暗号はさらに展開を見せている。現在インターネット上では、公開鍵暗号をベースにしたさまざまなセキュリティ技術が使われている。例えば、発信者が間違いなくその人自身であることを確認する「認証」や、意思決定のための「コイン投げプロトコル」などである。これらのセキュリティ技術についても、量子力学の基本的な性質を用いて実現する研究が進められている。

これまでの「情報科学」は、ほぼすべて、古典的な「ビット」をベースにして構築されてきた。「量子情報」とは、情報科学のこのベース部分を「量子ビット」へと置き換える作業と言ってよい。現在、ほかにもさまざまな取り組みが行われているが、それらについてはまた別の機会に紹介したい。

エピローグ

私の出身地である大阪の梅田には地下街が広がっている。その一角、曽根崎警察のブースの向かいのあたりに、シャープのショーウィンドウがある。記憶している限り、ずいぶん昔からあると思う。

確か中学生のころだったと思うが、そのショーウィンドウで、妖精のようなとても小さな「人」が動き回っているように見える「しかけ」が展示されていた。そのそばに「液晶ディスプレイ」に関する簡単な説明があったように思う。おそらく、小さな液晶ディスプレイと半透鏡を組み合わせたしかけだったのだろう。子供心に、なんだか不思議なしかけがあるものだと思ったように記憶している。ただ、そのころ液晶技術はまだ開発段階で、ほとんど普及していなかったと思う。

現在は北海道に勤務している関係で、梅田の地下街を歩くこともそうなかったのだが、先日、たまたまそのショーウィンドウの前を通る機会があった。そこには、30インチはあろうかという、大型の市販液晶ディスプレイが所狭しといった感じで並べられていた。20年前の私には、まったく思いもよらない光景だった。

量子コンピュータの実現にあたっては、第6章で見たように、重ね合わせ状態が壊れる問題をはじめとして、課題が山積している。ただ、ひょっとしたら数十年後、同じような感慨をもって、実際に動いている量子コンピュータを見られるのではないか、梅田の地下街を歩きながらそんな気がした。

この本では、量子力学の基本的な考え方について第2章、第3章で詳しく述べた。ただ、量子力学自体、まだよくわかっていない部分もある。そのもっとも大きな謎は、量子力学と古典力学の境がどこにあるのか、である。電子や原子でだけ観測されていた「重ね合わせ」状態も、今では第2章で述べたように、C_{60}というかなり大きな分子に対しても観測に成功している。おそらく近い将来にウイルスの「重ね合わせ」実験が行われるだろう。将来的には単細胞生物の「重ね合わせ」状態が可能になるかもしれない。

じつは、量子計算はこの「量子と古典の境目」への、量子側からの挑戦になっている。数千の量子ビットの重ね合わせ状態を維持しつづけることができるのか？　その精密な制御は可能なのか？　物理学、工学の両方の側面から見て、これ以上にチャレンジングな課題はそうないだろう。

次に、倫理的な問題についてもすこし触れたい。

第1章で触れたように、量子コンピュータが実現すると、現在使われている共有鍵暗号はすべて解読されてしまう。また、第6章で紹介した量子暗号では、盗聴を完全に探知しながら遠隔地間で暗号表を持ち合うことが可能になり、それを使えば絶対に解読不可能な秘密通信が実現できる。

これらは両方とも、軍事的、経済的に大きな意味を持つ可能性がある。実際、アメリカではこの研究分野に軍関係からも大きな研究費が援助されているらしい。

一方で、量子コンピュータの研究は私たちの生活にも役立つだろう。その大きな計算力を、いろいろなシミュレーションに生かすことがもしできれば（残念ながらまだその可能性は研究途上）、自然災害や、経済、社会などさまざまな未来予測に活躍するかもしれない。

ここでは、まさに科学技術における倫理が重要になる。

おそらく私たち研究に携わるものにとって大切なのは、私たちが知っていること、予測できることを可能な限り正直に、広く社会に知らせる、訴えることだと思う。

例えば、量子コンピュータについては、次のようなことだろう。

量子コンピュータができれば、公開鍵暗号は基本的に解読されてしまうこと。量子コンピュータの実現が近い将来（10年以内）である確率は非常に低いが、今のところ「できない」ことを示す物理的な制約はないこと。10〜数十量子ビット程度の計算は、10年から20年後程度にはおそらく実現するということ。また、これまでのコンピュータとはまったく異なる方式で莫大な並列計算を行うものであること。ただ、もし実現したとしても、おそらく特殊な専用コンピュータとしての位置づけであり、今のパソコンに置き換わるものではないと考える研究者が今のところ多いこと。

また、この研究は量子力学と古典力学の境界を探り当てる挑戦的なものであり、私たちの世界観にもかかわるような重要な基礎研究としての意味を持つことも、ぜひとも知ってほしいことだ。

量子暗号についても、同じように列挙してみよう。量子暗号を用いれば、秘密の乱数表を、誰にも知られることなく遠隔地間で共有できること。物理学が許すいかなる方法を使っても、つまり今の技術だけでなくこれから現れるかもしれない最先端技術を使ったとしても、盗聴はできないと「不確定性原理」で保証されていること。また、そのような乱数表を用いれば、誰にも解読できない秘密通信が可能であると数学的に証明されていること。この技術はすでに応用段階に入りつつあり、100キロメートル程度の距離であれば現在の技術で十分実現できるということ。その距離の壁を破る方法として、衛星の利用や、さらなる量子技術の研究も進められていること。

こういったことが共有された上で、そのような研究をどのように「育て」、かつ使っていくのかを、読者とともに今後も考えてゆきたい。

最後に、この本を創るにあたってお世話になった方々に感謝を述べたい。

私が大学院を卒業後、三菱電機に入社して出会ったのがこの「量子計算」というテーマだった。三菱電機に在籍中の、上司、先輩、同僚諸氏のご支援がなければ、この研究を立ち上げることはできず、この本が生まれることもなかった。また、1995年から３年間、科学技術振興事業団さきがけ研究「場と反応」領域に所属し、量子計算の研究を行うことができた。吉森昭夫領域統括をはじめ、関係の皆様には大変お世話になった。また、その制度のもとで1997年から１年弱滞在させていただいた、スタンフォード大学の山本喜久教授には、光子を用いた量子計算の研究でこれまで幾度となく有益な示唆をいただいている。

また、量子計算研究会のみなさまにも大変お世話になった。私が研究の立ち上げの時期に参加させていただいた関西支部の諸先生方には、1996年の発足当時から関西在住期間中、２週に１度程度の研究会ではもちろん、その後恒例だった打ち上げでも、本当にさまざまなことを教えていただき、それらはこの本の骨格になっている。また、関東支部の細谷暁夫先生、西野哲朗先生からは、直接の議論だけでなくその著書からも多くを教えていただいた。

現在私の所属する研究室（北海道大学電子科学研究所光システム計測研究分野）の笹木敬司教授をはじめとする同僚、学生諸氏の支援とディスカッションは、この本を作る上で欠かせなかった。また、秘書の大塚真佐子さんには、原稿修正でお世話になった。

北川勝浩教授、中村泰信様、ならびに三菱電機情報セキュリティ技術部からは、貴重な写真を提供いただいた。

また、奈和浩子様にはユーモアたっぷりのイラストを、五位野健一様には、すてきな表紙の絵を描いていただいた。

西村治道様、山崎洋介様には、緻密で丁寧な査読と貴重なコメントを多数いただいた。研究室の堀田純一助手、および学生の永田智久君にも有益なコメントをいただいた。古田彩様には、貴重なコメントと写真をいただいた。

そして、担当編集者の堀越俊一様と志賀恭子様の、アドバイスと叱咤激励なくしてはこの本は生まれなかった。

最後に、これまで辛抱強く私の研究を支え励ましてくれた両親と妻、ならびに、原稿執筆中に生まれ、執筆の合間に笑顔で和ませてくれた娘に感謝したい。

参考図書

● 本書と関連した量子力学の基礎を知りたい方へ

『量子力学の世界』片山泰久　講談社ブルーバックス（1967）

『量子論の宿題は解けるか』尾関 章　講談社ブルーバックス（1997）

『鏡の中の物理学』朝永振一郎　講談社学術文庫（1976）

『物理学はいかに創られたか』（上）（下）　アインシュタイン、インフェルト 著　石原 純 訳　岩波新書（1963）

『いまさら量子力学？』町田 茂・中嶋貞雄・原 康夫　丸善パリティブックス（1990）

● 量子コンピュータのより専門的な内容を知りたい方へ

【解説集】別冊・数理科学「量子情報科学とその展開」サイエンス社（2003）

【物理よりの入門書】臨時別冊・数理科学　SGCライブラリ4『量子コンピュータの基礎』細谷暁夫　サイエンス社（1999）

【物理よりの専門書】『Quantum Computation and Quantum Information』Michael A. Nielsen, Isaac L. Chuang, Cambridge University Press（2000）

【情報科学よりの入門書】『量子コンピュータ入門』西野哲朗　東京電機大学出版局（1997）

【情報科学よりの専門書】『量子コンピューティング』ヨゼフ・グルスカ 著　伊藤正美他 共訳　森北出版（2003）

● 暗号や、因数分解について知りたい方へ

『暗号の数理』一松 信　講談社ブルーバックス（1980）

『暗号解読』サイモン・シン 著　青木 薫 訳　新潮社（2001）

さくいん

〈人名〉

〈数字・欧文〉

〈あ行〉

〈た行〉

〈な行〉

〈は行〉

〈ま・や行〉

〈ら・わ行〉

N.D.C.421.3　272p　18cm

ブルーバックス　B-1469

量《りよう》子《し》コンピュータ
超並列計算のからくり

2005年２月20日　第１刷発行
2025年３月19日　第15刷発行

著者　竹《たけ》内《うち》繁《しげ》樹《き》
発行者　篠木和久
発行所　株式会社講談社
〒112-8001 東京都文京区音羽2-12-21
電話　出版　03-5395-3524
販売　03-5395-5817
業務　03-5395-3615
印刷所　（本文表紙印刷）株式会社ＫＰＳプロダクツ
（カバー印刷）信毎書籍印刷株式会社
本文データ制作　講談社デジタル製作
製本所　株式会社ＫＰＳプロダクツ

ISBN4−06−257469−1

発刊のことば

科学をあなたのポケットに

二十世紀最大の特色は、それが科学時代であるということです。科学は日に日に進歩を続け、止まるところを知りません。ひと昔前の夢物語もどんどん現実化しており、今やわれわれの生活のすべてが、科学によってゆり動かされているといっても過言ではないでしょう。

そのような背景を考えれば、学者や学生はもちろん、産業人も、セールスマンも、ジャーナリストも、家庭の主婦も、みんなが科学を知らなければ、時代の流れに逆らうことになるでしょう。

ブルーバックス発刊の意義と必然性はそこにあります。このシリーズは、読む人に科学的に物を考える習慣と、科学的に物を見る目を養っていただくことを最大の目標にしています。そのためには、単に原理や法則の解説に終始するのではなくて、政治や経済など、社会科学や人文科学にも関連させて、広い視野から問題を追究していきます。科学はむずかしいという先入観を改める表現と構成、それも類書にないブルーバックスの特色であると信じます。

一九六三年九月

野間省一